Fertigung und Betrieb
Fachbücher für Praxis und Studium
Herausgeber: H. Determann und W. Malmberg
Band 10

E. Kauczor

Metallographie in der Schadenuntersuchung

Klärung der Ursachen von Bauteilschäden
Maßnahmen zu deren Vermeidung

Mit 141 Bildern

Springer-Verlag
Berlin · Heidelberg · New York 1979

Herausgeber der Reihe:
Dr.-Ing. Hermann Determann, Hamburg
Dipl.-Ing. Werner Malmberg, Hamburg

Autor dieses Bandes:
Egon Kauczor, Hamburg

Neubearbeitung des in vier Auflagen erschienenen früheren
„Werkstattbuches" 64, Kauczor, E.: Angewandte Metallographie

CIP – Kurztitelaufnahme der Deutschen Bibliothek:
Kauczor, Egon:
Metallographie in der Schadenuntersuchung: Klärung der Ursachen von Bauteilschäden; Maß-
nahmen zu deren Vermeidung
E. Kauczor. – Neubearb. – Berlin, Heidelberg, New York: Springer 1979 (Fertigung und Betrieb,
Bd. 10)
1.–4. Aufl. u. d. T.: Kauczor, Egon: Angewandte Metallographie
ISBN-13:978-3-540-09362-6   e-ISBN-13:978-3-642-81335-1
DOI: 10.1007/978-3-642-81335-1

2362/3020 – 543210

Zu dieser Fachbuchreihe

In den letzten beiden Jahrzehnten hat sich die Fertigungstechnik schnell und vielseitig weiterentwickelt. Moderne Fertigungsverfahren haben entscheidend dazu beigetragen, daß selbst hochwertige Wirtschaftsgüter kostengünstig hergestellt werden können und damit für breite Käuferschichten erreichbar sind. Dieser hohe Entwicklungsstand muß auch unter den erschwerenden Bedingungen erhalten bleiben, die durch die aktuellen Probleme der Energieversorgung auf uns zugekommen sind, wenn unser aller Lebensstandard nicht absinken soll.

Hierzu beizutragen, ist Hauptaufgabe von „Fertigung und Betrieb". Die Bände dieser Buchreihe werden den im Betrieb tätigen Ingenieuren und Technikern sowie Studierenden des Maschinenbaus und der Fertigungstechnik, aber auch angrenzender Fachgebiete den Einblick in das gesamte Betriebsgeschehen erleichtern. Sie sollen helfen, Werkstoffe, Betriebsmittel und Energien optimal einzusetzen und die Produktionssysteme möglichst flexibel zu gestalten, um sie wechselnden Verhältnissen leicht anpassen zu können. Sie gestatten es also, gerade das Fachwissen zu vertiefen oder neu zu erschließen, welches eine der Voraussetzungen für die Absatzfähigkeit unserer Industrieerzeugnisse trotz laufender Kostensteigerungen ist. Ohne ausreichende fachliche Kenntnisse kann niemand wirtschaftlich fertigen und Qualität sichern!

Die thematischen Schwerpunkte der Buchreihe orientieren sich an den Bedürfnissen von Beruf und Studium. Die Darstellungen sind kurzgefaßt, ohne große Vorkenntnisse verständlich und betont praxisnah. Sie berücksichtigen den neuesten Stand der Technik und enthalten Hinweise für ein vertiefendes Weiterstudium.

Hamburg, im Juli 1979   **H. Determann · W. Malmberg**

Zu diesem Band

Die Möglichkeiten metallographischer Untersuchungsverfahren werden bei der Bearbeitung von Schadensfällen an Bauteilen aus metallischen Werkstoffen häufig noch nicht voll ausgeschöpft. So kann es bei unterlassener Gefügeuntersuchung zu Fehldeutungen kommen, die zwangsläufig zu falschen Abhilfemaßnahmen und damit wieder zu neuen Schadensfällen führen. Das Buch soll vor allem dem Praktiker im Betrieb helfen, vorgekommene Schadensfälle aufzuklären und zukünftige zu verhüten.

Das Thema Schadensfälle ist nahezu unerschöpflich. Aufgabe dieses Buches im geplanten Umfang kann es deshalb nicht sein, als Lexikon für alle Schadensfälle zu dienen, sondern anhand ausgewählter typischer Fälle aus der Praxis die Möglichkeiten metallographischer Untersuchungsverfahren bei der Schadenuntersuchung darzustellen. Das Buch wurde für Techniker geschrieben. Allgemeine technische Ausdrücke werden deshalb nicht besonders erläutert. Vorausgesetzt wird außerdem, daß dem Leser die Grundlagen der metallographischen Gefügelehre und der metallographischen Laboratoriumsarbeit bekannt sind, wie sie z. B. in dem von demselben Verfasser in der Reihe „Fertigung und Betrieb" erschienenen Buch „Metall unter dem Mikroskop" behandelt werden, und daß er auch einige Kenntnisse anderer Werkstoffprüfverfahren besitzt. Trotzdem werden wegen der zum ehemaligen Buch „Angewandte Metallographie" geäußerten Leserwünsche im Text und in den Bildunterschriften Hinweise zur Behandlung der untersuchten Proben gegeben.

Danken möchte der Verfasser dem Leiter des Staatlichen Materialprüfungsamtes an der Fachhochschule Hamburg Herrn Dr. Erich Hargarter für sein Entgegenkommen bei der Benutzung des Archivs und der Negativablage der Metallographischen Abteilung, Frau Hannelore Schönhoff für die Anfertigung der rasterelektronenmikroskopischen Aufnahmen und Herrn Hans Werner Weiß, der immer hilfsbereit war, wenn Schadensfallprobleme nur in enger Zusammenarbeit von Metallographie und Chemie zu lösen waren.

Hamburg, im August 1979 E. Kauczor

Inhaltsverzeichnis

VIII

Einleitung

Seit H. C. Sorby 1886 mit seiner Schrift über „Mikroskopische Studien an Meteoriten und an Eisen und Stahl" die erste metallographische Veröffentlichung herausbrachte, ist die Metallographie ein allgemein anerkanntes Wissensgebiet geworden, das heute aus Wissenschaft und Technik nicht mehr wegzudenken ist.

Leider herrscht noch oft die Meinung, daß für metallographische Untersuchungen ein umfangreiches Speziallaboratorium nötig ist. Das trifft nur teilweise zu. Wie die Beispiele in diesem Buch zeigen, kann eine ganze Anzahl vor allem makroskopischer Untersuchungen mit einfachen Mitteln durchgeführt werden. Auch für mikroskopische Untersuchungen ist nicht immer ein großes Metallmikroskop nötig. So sind z. B. Geräte für Härteprüfungen nach Vickers meist mit Auflichtoptiken ausgestattet, die sich auch für metallographische Betrachtungen eignen. Für die richtige Probennahme aus den beschädigten Objekten und die Schliffvorbereitung sind einige Erfahrungen erforderlich. Wird die Probe nicht an der entscheidenden Stelle entnommen oder das Gefüge durch Entnahme oder Schliffherstellung verändert, so kann das zu Fehldeutungen führen. Wichtig ist natürlich, daß man das, was man sichtbar gemacht hat, auch deuten kann. Eine Härterei, der vorgeworfen wird, daß von ihr behandelte Fräser aus Schnellstahl an den Schneiden ausbrechen, kann Mikroschliffe aus den beschädigten Fräsern an einem Härteprüfgerät mit optischer Meßeinrichtung metallographisch untersuchen und damit vielleicht schon die Schadensursache aufklären.

Bild 1 zeigt zusammenhängende Karbidzeilen in einem Schnellstahl, die in stark verzerrter Form noch das Ledeburitnetz des Gußzustandes erkennen lassen. Bei so ungünstiger Karbidverteilung können — besonders bei feinschneidigen Werkzeugen — die Schneiden leicht ausbrechen. Größe und Anordnung der Primärkarbide in Schnellstählen lassen sich durch Wärmebehandlung nicht mehr beeinflussen, weil die aus dem Ledeburitnetz stammenden Karbide sich unterhalb des Schnellstahlschmelzpunktes nicht lösen. Außerdem werden durch ausgeprägte Karbidzeilen und zunehmende Karbidkorngröße auch das Inlösunggehen der Sonderkarbide beim Härten behindert und Härterisse begünstigt [29]. Nur durch gründliches Zertrümmern beim Walzen oder Schmieden kann eine gleichmäßige Verteilung der im Gußblock netzförmig angeordneten Karbide erreicht werden.

Wie es bei einem Schadensfall möglich war, durch metallographische Untersuchung den Zeitpunkt der Entstehung eines Risses zu ermitteln, veranschaulichen die Bilder 2 bis 4. Der Fitting aus verzinktem Temperguß (Bild 2) war

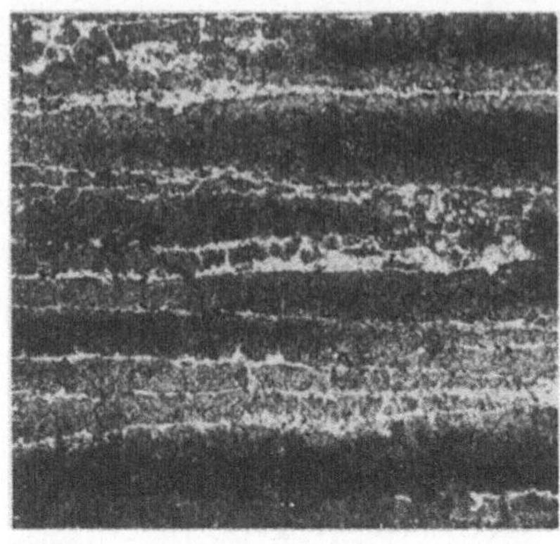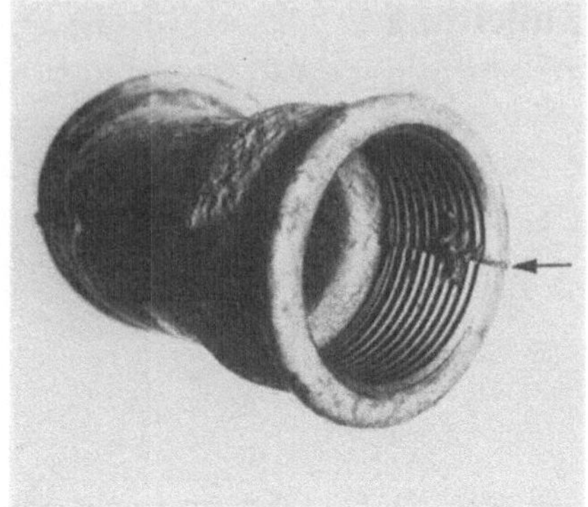

Bild 1   100 : 1   Bild 2   1 : 2

Bild 1. Ungünstige Karbidverteilung in einem Schnellstahl. Um die Karbidzeilen deutlich zu zeigen, wurde die martensitische Grundmasse mit 10%iger alkoholischer Salpetersäure kräftig geätzt

Bild 2. Gerissener Fitting aus weißem Temperguß

an der mit einem Pfeil bezeichneten Stelle längs aufgerissen. Es sollte festgestellt werden, ob dieser Riß schon vor dem Einbau vorhanden war, oder ob der Fitting erst durch unsachgemäße Montage beschädigt wurde.

Für die metallographische Untersuchung wurde quer zum Riß eine Probe für einen Mikroschliff entnommen. Um Störungen durch Elementbildung beim späteren Ätzen zu vermeiden, wurde die Zinkschicht vor dem Anfertigen des Mikroschliffes in verdünnter Schwefelsäure (1:10) mit Sparbeizezusatz abgelöst. Das Gefüge des Mikroschliffes zeigt Bild 3. Es handelt sich danach um einen Fitting aus weißem Temperguß. Deutlich ist die für weißen Temperguß typische Glühhaut (verbrannte Haut) zu erkennen, die beim abkohlenden Glühen in sauerstoffabgebenden Medien entsteht und sich bei der Herstellung weißen Tempergusses kaum vermeiden läßt. Die Glühhaut hat, wenn sie sich in normalen Grenzen hält, keinen nachteiligen Einfluß auf die mechanischen Eigenschaften der Gußstücke. Wichtig ist jedoch die Tatsache, daß hier auch die Bruchfläche abgekohlt ist und eine Glühhaut aufweist. Der Fitting wurde danach schon mit dem Riß getempert.

Um diese Aussage zu untermauern, wurde das Kniestück bis zum Bruch zusammengepreßt. Quer zu einer der hierbei entstandenen neuen Bruchflächen wurde ein Mikroschliff angefertigt. In Bild 4 ist zu erkennen, daß im Gegensatz zur Probe aus dem Originalbruch in diesem Schliff das Kerngefüge bis zur Bruchkante reicht, die keine Abkohlung und keine Glühhaut zeigt.

Nach diesen Untersuchungsergebnissen ist der Fitting nicht bei der Montage gerissen, sondern war bereits schon vor dem Tempern beschädigt. Vermutlich klaffte der Riß ursprünglich nicht so weit und wurde beim Verzinken oberflächlich verdeckt, so daß er vor dem Einbau nicht zu sehen war. Bei der Fertigung von Tempergußfittingen können solche Risse entstehen, wenn in der Gießerei beim Zerschlagen der Gußtrauben einer der vor dem Tempern noch sehr spröden Rohlinge mit dem Hammer getroffen wird.

Ein weiteres Beispiel (Bilder 5 bis 8) soll zeigen, wie die Ursache für einen Lochdurchbruch an einer Schiffswand metallographisch geklärt werden

2

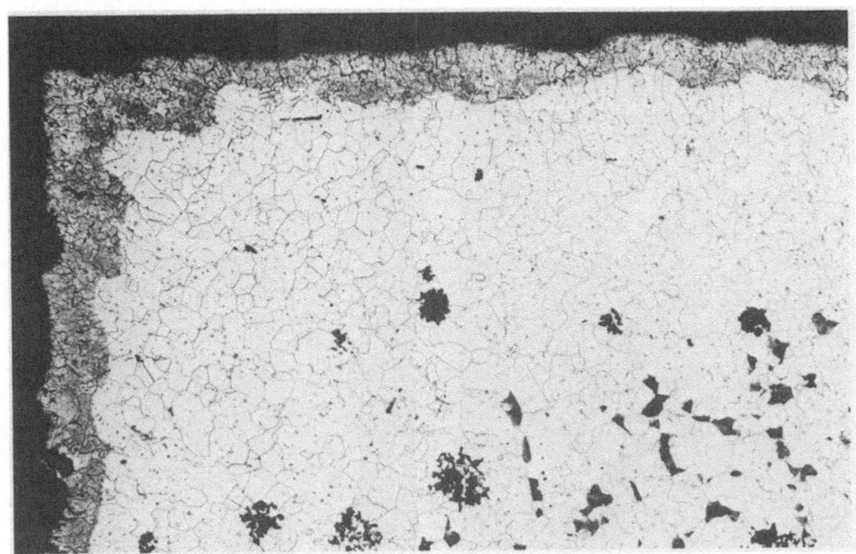

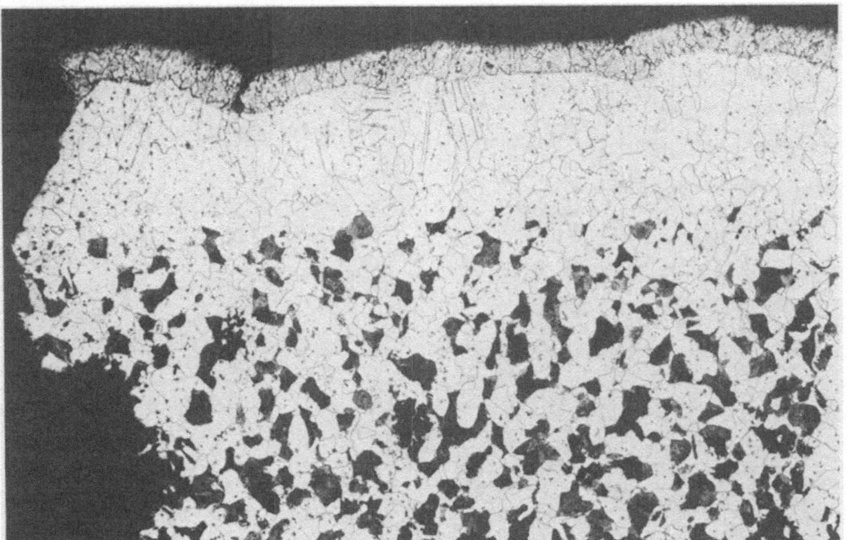

Bild 3. Mikrogefüge des gerissenen Tempergußfittings im Bereich des Originalbruches mit Glühhaut und Abkohlung unter der Oberfläche (oben) und an der Bruchkante (links)
Bild 4. Mikrogefüge im Bereich des für die Untersuchung bewußt erzeugten Gewaltbruches. Glühhaut und Abkohlung nur unter der Oberfläche. (Ätzmittel: 2%ige alkoholische Salpetersäure)

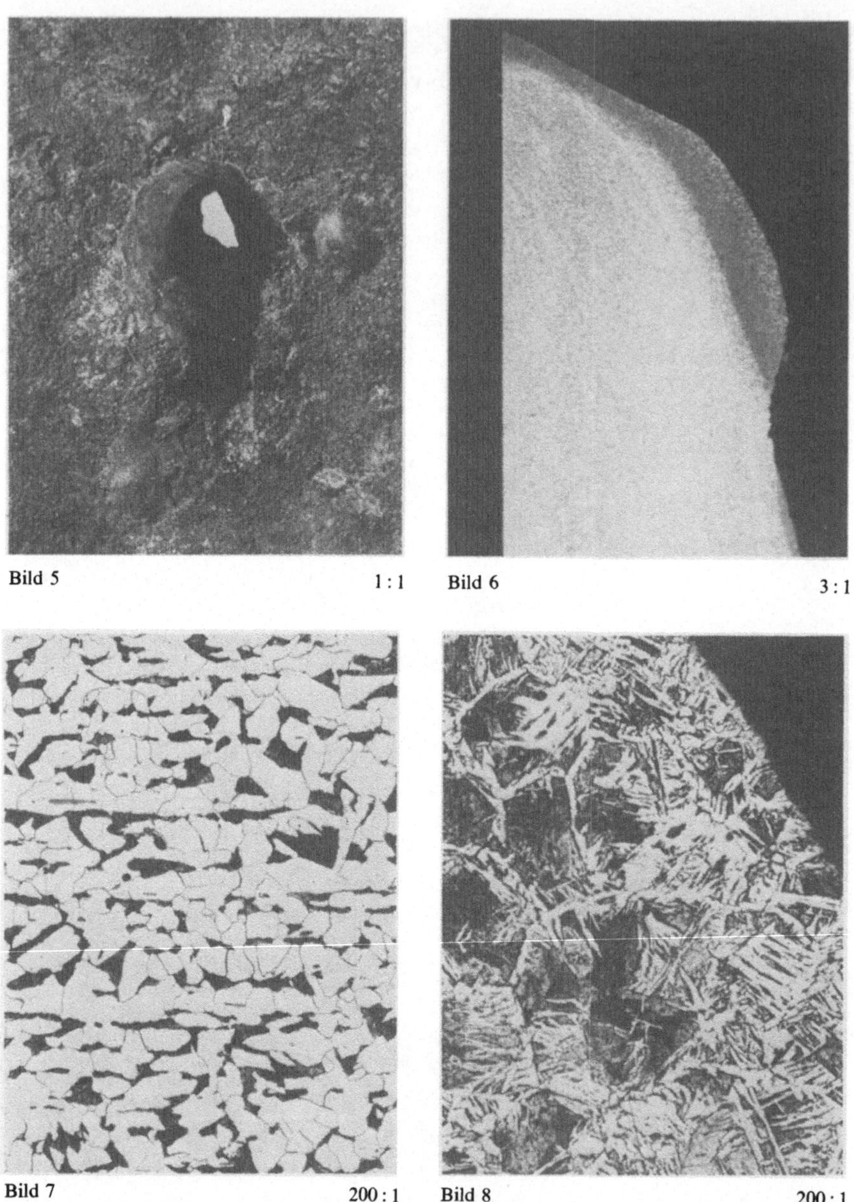

Bild 5   1 : 1   Bild 6   3 : 1

Bild 7   200 : 1   Bild 8   200 : 1

Bild 5. Lochdurchbruch in einer Schiffsaußenwand

Bild 6. Mit 10%iger alkoholischer Salpetersäure geätzter Makroschliff aus dem Bereich des Lochdurchbruches

Bild 7. Mikrogefüge des unbeeinflußten Grundwerkstoffes. (Ätzmittel 2%ige alkoholische Salpetersäure)

Bild 8. Mikrogefüge im Bereich der Lochwand. (Ätzmittel: 2%ige alkoholische Salpetersäure)

4

konnte. Das bei Reparaturarbeiten an der Außenwand entdeckte Loch ließ sich mit dem zwar muldenförmigen, aber sonst gleichmäßigen allgemeinen Korrosionsbild nicht in Einklang bringen. An einem den Lochdurchbruch schneidenden Makroschliff wurde der Stahl beim Ätzen mit 10%iger alkoholischer Salpetersäure im Bereich der Lochwand erheblich stärker angegriffen, was auf Gefügeumwandlungen in dieser Zone hindeutete (Bild 6). Ein anschließend angefertigter Mikroschliff ließ erkennen, daß das als normalgeglüht zu bezeichnende ferritisch-perlitische Gefüge des Stahlbleches (Bild 7) im Bereich des Loches durch Umwandlung bei starker Überhitzung grobkörnig geworden ist und Widmannstättensche Struktur angenommen hat (Bild 8).

Aus diesen Untersuchungsergebnissen kann geschlossen werden, daß das Loch nicht durch Korrosion entstanden ist, sondern herausgebrannt wurde. Das könnte z. B. dadurch geschehen sein, daß ein eingestellter Schweißbrenner kurzfristig auf einer Laufbohle der Stellage so unglücklich abgelegt wurde, daß die Schneidflamme genau im richtigen Brennabstand gegen die Schiffswand gerichtet war.

Aufhärtung

Beim Schweißen von Stahl werden zwangsläufig Bereiche der zu verschweißenden Teile auf Temperaturen über den Punkt A_3 erhitzt. Wird die Wärme schnell abgeleitet, wie besonders bei Zünd- und Heftstellen, kleinen Ausbesserungsschweißen oder bei Wurzellagen an dickwandigen Werkstücken, kann sich hier Härtegefüge bilden. Dabei spielen nicht nur die Abkühlungsgeschwindigkeit, der Kohlenstoffgehalt des Stahles und weitere Legierungselemente eine Rolle, sondern auch die Nahtform, die Werkstoffdicke und die Form der Konstruktion.

Aufgehärtete Zonen, die an sich schon wegen der mit der Gefügeumwandlung verbundenen Volumenänderung rißanfällig sind (Bild 9), können wegen ihres verminderten Formänderungsvermögens nicht immer die beim Schweißen unvermeidlichen Schrumpfspannungen ausgleichen. Stähle, die zu bedenklicher Aufhärtung neigen, müssen deshalb unter Vorwärmen oder wenn

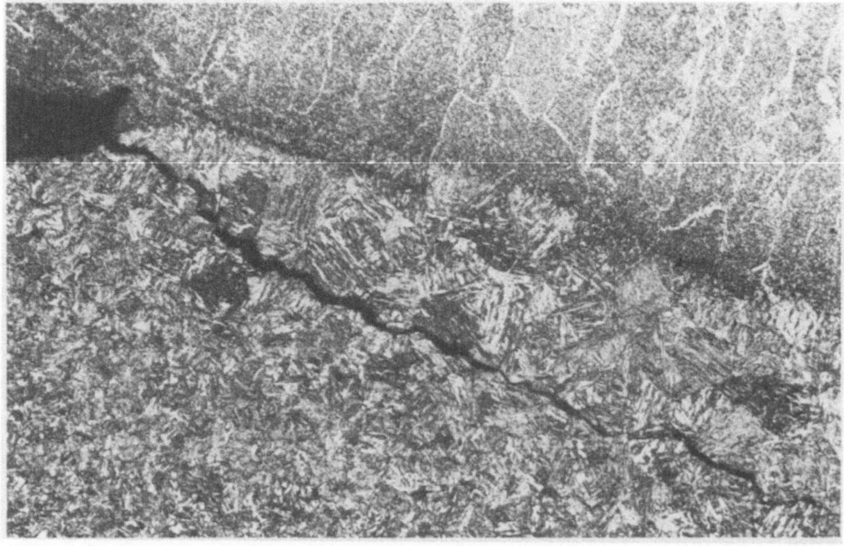

Bild 9   100 : 1

Bild 9. Riß unter einer ohne Vorwärmen geschweißten Kehlnaht in der Aufhärtungszone eines mit 0,5 % Kohlenstoff an der oberen Analysengrenze liegenden Stahles C 45. (Ätzmittel: 2 %ige alkoholische Salpetersäure)

6

technisch möglich mit einem Nachlaufbrenner geschweißt werden, um das Temperaturgefälle und damit die Abkühlungsgeschwindigkeit zu vermindern. Die Grenze, bis zu der unlegierter Stahl noch ohne Vorwärmen geschweißt werden kann, gibt die DIN 17 100 (Allgemeine Baustähle) mit 0,22 % Kohlenstoff an. Nach allgemeinen praktischen Erfahrungen sind auch schon bei einfachen Konstruktionen Härten ab etwa 350 HV in der wärmebeeinflußten Zone als bedenklich anzusehen [43].

Rißbegünstigende Aufhärtungserscheinungen, die nur wenig über der bedenklichen Grenze liegen, lassen sich beim Lichtbogenschweißen ohne besonderes Vorwärmen vermindern, wenn man dickere Elektroden als üblich benutzt, vor allem bei der Wurzellage, deren Wärme von dem noch kalten Werkstück besonders schnell abgeleitet wird. Der dadurch stärker erwärmte Grundwerkstoff schützt die gefährdete Zone vor zu schneller Abkühlung. Bei höheren Kohlenstoffgehalten und vor allem bei legierten Stählen, die wesentlich härtefreudiger sind, genügen solche einfachen Mittel nicht mehr. Diese Stähle müssen auf jeden Fall unter Vorwärmung geschweißt werden.

In den Bildern 10 bis 13 sind die Ergebnisse von Versuchen zur Ermittlung der günstigsten Vorwärmtemperatur für Schweißarbeiten an Teilen aus niedriglegiertem Stahl 43Si6 festgehalten, bei dem ein mit 1,08 % erheblich über der oberen Analysengrenze (0,80 %) liegender Mangangehalt festgestellt worden war. Bild 10 zeigt das perlitisch-ferritische Gefüge des Anlieferungszustandes. Beim ersten Schweißversuch hat sich trotz Vorwärmen auf 100 °C in dem unmittelbar unter der Schweißnaht liegenden Bereich der Wärmeeinflußzone des Grundwerkstoffes überwiegend Martensit gebildet (Bild 11). Bei 300 °C Vorwärmung war die Abschreckwirkung wesentlich geringer. Die unmittelbare Übergangszone besteht jetzt zum größten Teil aus Zwischenstufengefüge (Bild 12). Bei 500 °C Vorwärmung wandelte der abkühlende Grundwerkstoff überwiegend in der Perlitstufe um, wie der große Anteil sehr feinstreifigen Perlits in Bild 13 erkennen läßt. Der Härteabfall gegenüber der 300°-Vorwärmung ist jedoch mit nur 20 HV so gering, daß ein Vorwärmen auf mehr als 300 °C in diesem Falle kaum noch sinnvoll ist.

Mit Aufhärtung muß nicht nur bei Schweißarbeiten gerechnet werden, sondern auch bei allen anderen Arbeiten, bei denen härtefreudige Stähle örtlich begrenzt stark erhitzt werden. Als Beispiel sei hier das Lichtbogen-Fugenhobeln angeführt. Mit diesem Verfahren können Fehler in Werkstückoberflächen und in Schweißnähten beseitigt oder auch die Wurzelseiten von Schweißnähten ausgefugt werden. Hierbei wird eine mit einem Kupfermantel umhüllte Kohle- oder Graphitelektrode an den Pluspol eines Gleichstrom-Schweißgerätes angeschlossen und ein Lichtbogen erzeugt, der die zu fugende Stelle wie beim Schweißen aber ohne Zusatz aufschmilzt. Gleichzeitig parallel zur schräg geführten Elektrode zugeleitete Druckluft bläst das flüssige Metall aus der Fuge. Das Lichtbogen-Fugenhobeln geht sehr schnell vor sich, so daß nur im unmittelbaren Bereich der Fuge kurze Zeit große Hitze herrscht. Das übrige Werkstück wird wenig erwärmt. Die Gefahr von Wärmespannungen ist deshalb gering. Die große Abkühlungsgeschwindigkeit führt aber im Bereich der Fuge zu Aufhärtungserscheinungen.

Bei dem in den Bildern 14 und 15 gezeigten Beispiel einer mit Kohleelektrode gehobelten Fuge in einem Blech aus unlegiertem Stahl mit 0,24 % Kohlenstoff ist die Härtezunahme noch tragbar. Risse waren hier noch nicht entstanden.

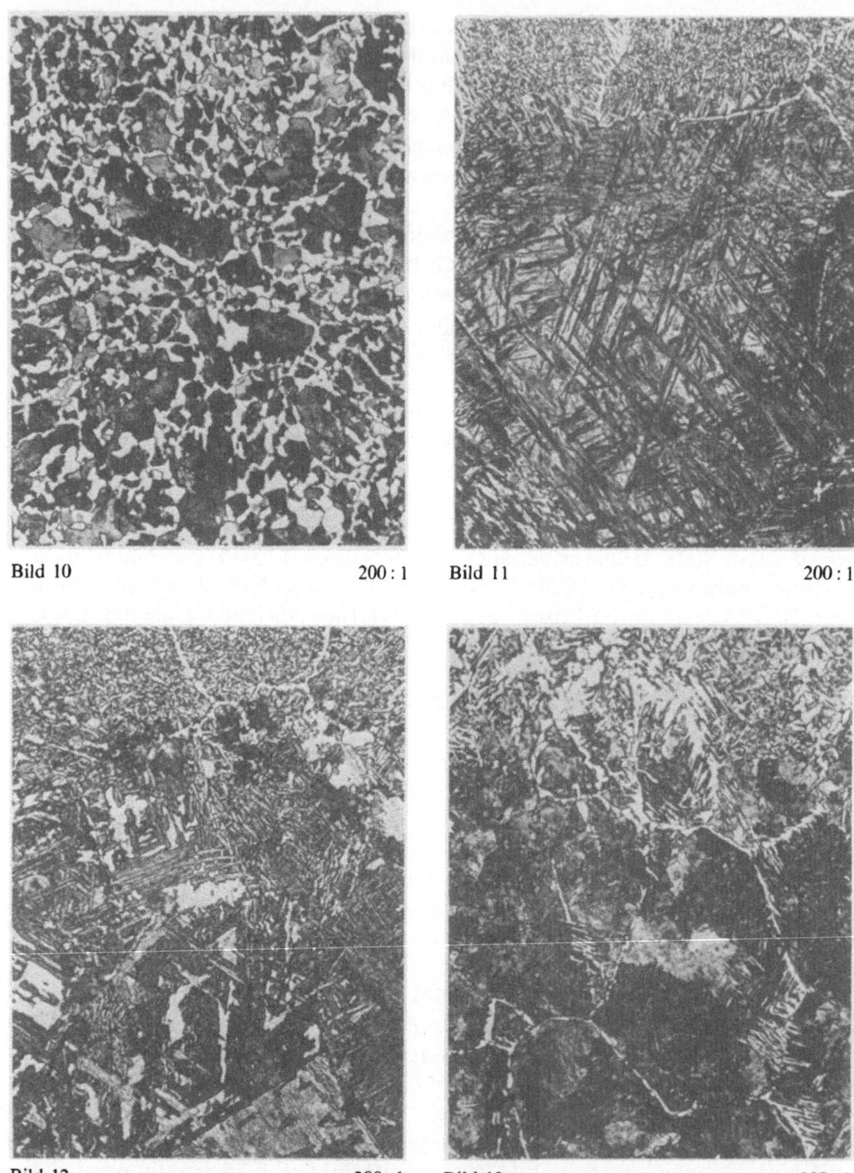

<table>
<tr><td>Bild 10</td><td>200 : 1</td><td>Bild 11</td><td>200 : 1</td></tr>
<tr><td>Bild 12</td><td>200 : 1</td><td>Bild 13</td><td>200 : 1</td></tr>
</table>

Bild 10. Mikrogefüge eines Stahlbleches aus 43Si6 mit überhöhtem Mangangehalt (1,08 %). Unbeeinflußter Blechwerkstoff. Vickershärte: 220 HV 10

Bild 11. Beim Schweißen unter 100 °C Vorwärmung aufgehärtete Zone unter der Schweißnaht. Vickershärte: 460 HV 10

Bild 12. Die gleiche Zone wie in Bild 11, nach Schweißen unter 300 °C Vorwärmung. Vickershärte: 320 HV 10

Bild 13. Die gleiche Zone nach Schweißen unter 500 °C Vorwärmung. Vickershärte: 300 HV 10. (Ätzmittel: 2 %ige alkoholische Salpetersäure)

Die Aufhärtung wird beim Verschweißen der Fuge wieder rückgängig gemacht. Bei härtefreudigeren Stählen kann Rißbildung durch zu starke Aufhärtung beim Fugenhobeln durch Vorwärmen des Werkstückes verhindert werden.

Die Tatsache, daß in der Härteverlaufskurve (Bild 15) die Härte unmittelbar unter der Fuge wieder etwas absinkt, deutet darauf hin, daß die Oberfläche der Fuge durch den Preßluftstrom geringfügig abgekühlt wurde. Der Abbrand der Kohleelektrode geht vor allem in die Schlacke. Diese kohlenstoffreiche Schlacke muß besonders sorgfältig entfernt werden, um Aufkohlen und Aufhärten durch Schlackenreste beim Nachschweißen zu verhindern [35].

Beim Fugenhobeln mit der Azetylen-Sauerstoffflamme ist die Gefahr der Aufhärtung geringer. Es muß jedoch die stärkere Erwärmung des Werkstückes in der weiteren Umgebung der Fuge in Kauf genommen werden.

Zwei Beispiele aus der Praxis sollen zeigen, wie katastrophal sich vor allem kleine Schweißstellen auswirken können, die ohne Vorwärmen auf schweißempfindliche Stähle aufgebracht werden.

An einem Schiffsgetriebe bemerkte das Bordpersonal während der Fahrt, daß der aufgeschrumpfte Zahnkranz eines Getrieberades rutschte. Um weiteres Rutschen zu verhindern, wurden mit Bordmitteln Gewindestifte zwischen Radkörper und Zahnkranz gesetzt (Bild 16). Für die Bohrarbeiten wurde behelfsmäßig eine Vorrichtung am Zahnkranz selbst und am Radkörper angebracht und stellenweise mit Lichtbogenschweißung angepunktet. Auch die Gewindestifte wurden durch Schweißpunkte mit der Stirnfläche des Zahnkranzes verbunden. Während des weiteren Betriebes traten große Schäden durch Anrisse und Ausbrüche aus dem Zahnkranz auf (Bilder 17 bis 20).

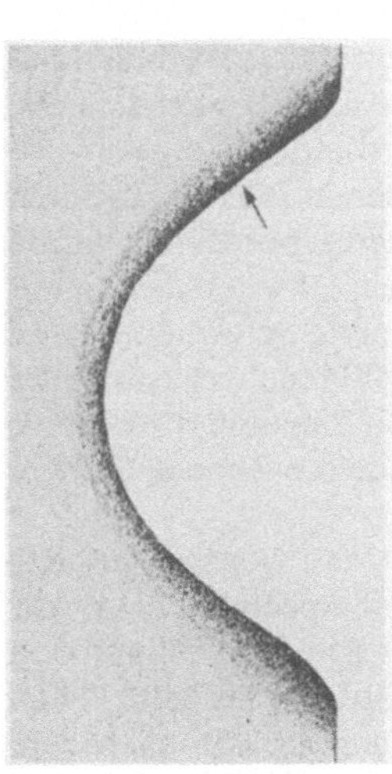

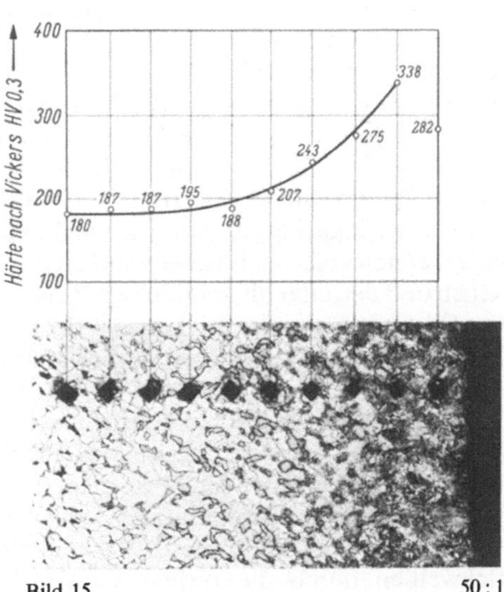

| Bild 14 | 5 : 1 | Bild 15 | 50 : 1 |

Bild 14. Querschliff aus einer mit einer Kohleelektrode gehobelten Fuge in einem Blech aus unlegiertem Stahl mit 0,24 % Kohlenstoff. (Ätzmittel: 2 %ige alkoholische Salpetersäure)

Bild 15. Mikrogefüge und Vickershärten in der aufgehärteten Zone bei der durch Pfeil gekennzeichneten Stelle in Bild 14

Der Zahnkranz war aus Stahl C 35 gefertigt. Sämtliche Risse und Brüche lagen in den Schweißgebieten. Der Werkstoff C 35 ist aufgrund seines zwischen 0,32 und 0,39 % liegenden Kohlenstoffgehaltes schweißempfindlich. Wenn, wie in diesem Falle, nur kleine Flecken auf Umwandlungstemperatur gebracht werden und die Wärme durch den großen Radkörper schnell abgeführt wird, kommt es zu Aufhärtungserscheinungen und Rißbildung. Außerdem wurde nachlässig geschweißt, wodurch zahlreiche Einbrandkerben entstanden sind, die zu zusätzlichen konzentrierten Spannungserhöhungen in den Aufhärtungsflecken führten.

Besonders nachteilig hat sich ausgewirkt, daß Schweißstellen für die Bohrvorrichtung sogar unmittelbar an die Zahnfüße gesetzt wurden. Wegen der Schweißempfindlichkeit des Stahles C 35 ist an sich schon mit Aufhärtungsrissen zu rechnen. Läuft aber ein solcher Anriß in den Zahnfuß, so erweitert er sich unter zusätzlicher Betriebsbeanspruchung unweigerlich zum Dauerbruch.

Zwei weitere Beispiele sollen zeigen, wie Schweißarbeiten, die ohne Rücksicht auf das Umwandlungsverhalten des Stahles durchgeführt wurden, Brüche an Pleuelstangen verursacht haben.

Bei dem in den Bildern 21 bis 23 gezeigten Schaden war die Pleuelstange eines Schiffsdieselmotors etwa in der Mitte gebrochen. Auf der in Bild 22 wiedergegebenen Bruchfläche ist am Steg des Pleuelschaftes ein Schweißpunkt zu erkennen, von dem für einen Dauerbruch typische, konzentrische Anbruchlinien (Rastlinien) ausgehen, die nach beiden Seiten in Gewaltbrüche übergehen. Am anderen Bruchstück ist in Bild 21 ein Stahlrohr für die Ölzufuhr zu sehen, das durch Schweißpunkte an den Steg geheftet worden war.

Die metallographische Untersuchung ergab, daß das Gefüge des Stahles an den unbeeinflußten Stellen des Pleuels dem normalgeglühten Zustand entsprach, während sich unter den Schweißpunkten durch die örtlich konzentrierte Erhitzung sehr kleiner Stellen und die anschließende schnelle Abkühlung durch das kalte Pleuel Härtegefüge gebildet hatte.

Bild 23 gibt einen metallographischen Schnitt durch den in Bild 22 gezeigten Schweißpunkt wieder. Im Interesse eines anschaulichen Überblickes wurde nur eine geringe Vergrößerung gewählt, bei der Gefügeeinzelheiten nicht mehr zu erkennen sind. Es ist aber deutlich der stengelig erstarrte Schweißpunkt zu sehen und darunter als sehr dunkle Zone der aufgehärtete Pleuelwerkstoff. Bei der Härteprüfung nach Vickers wurde im unbeeinflußten Pleuelwerkstoff eine Härte von 140 HV1 ermittelt, während in der umgewandelten Zone unter dem Schweißpunkt Werte bis 400 HV1 gemessen wurden.

Aus diesen Untersuchungsergebnissen kann geschlossen werden, daß das Ölrohr ohne Vorwärmung an das Pleuel aus schweißempfindlichem, zur Aufhärtung neigenden Stahl geheftet wurde. Die unter den Schweißpunkten auf Austenittemperatur erhitzten Stellen härteten stark auf, als das kalte Pleuel die Wärme schnell ableitete. Vermutlich war schon unmittelbar nach dem Schweißen durch die örtlich konzentrierte Aufhärtung ein Spannungsriß entstanden, von dem dann bei der späteren Wechselbeanspruchung im Motor die Zerstörung ausging.

Einen ähnlichen groben Fehler dieser Art zeigen die Bilder 24 und 25. Bei Reparaturarbeiten an einem Lkw-Motor mußte hier ein Pleuel ausgewechselt werden. Ein neues, gerade zur Verfügung stehendes Pleuel paßte zwar in allen

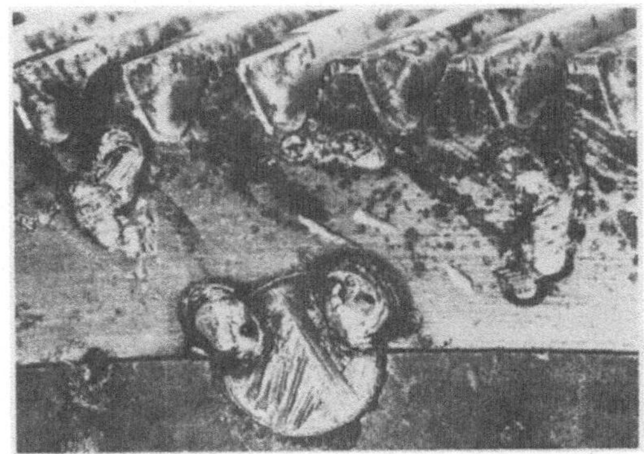

Bild 16   1 : 2

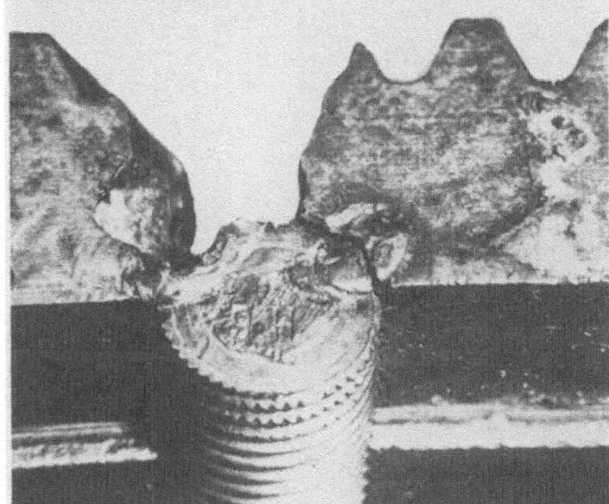

Bild 17   1 : 1

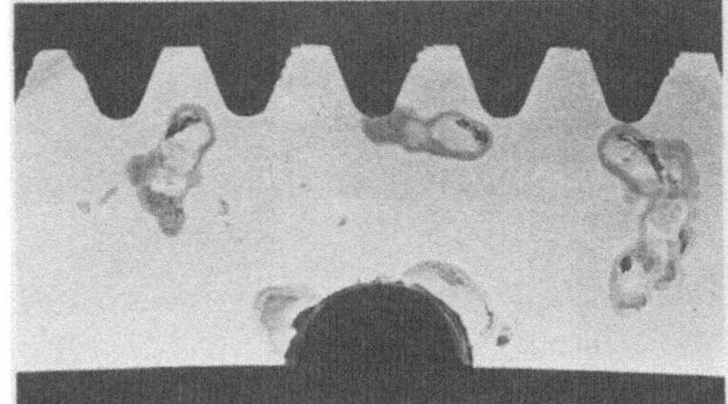

Bild 18   1 : 2

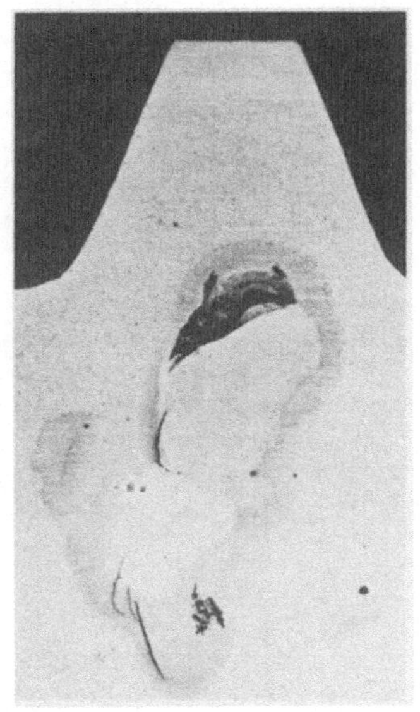

1 : 2

Bild 19. Risse in einer Heftschweißstelle mit magnetischer Durchflutung sichtbar gemacht

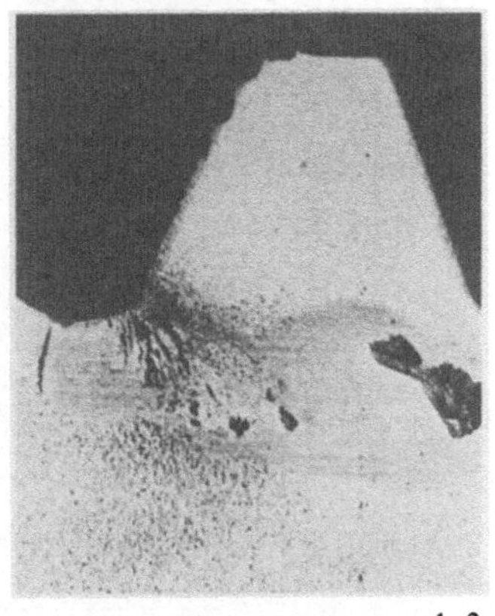

1 : 2

Bild 20. Mit magnetischer Durchflutung sichtbar gemachte Risse im Zahnfußgebiet

Bild 16. Zwischen Radkörper und Zahnkranz eines Getrieberades eingesetzter Gewindestift. Mit den Heftschweißstellen an den Zähnen wurde die Bohrvorrichtung gehalten

Bild 17. Zahnkranzausbruch an einer Verstiftung

Bild 18. Makroschliff eines Zahnkranzstückes. Heftschweißstellen für Bohrvorrichtung und Gewindestifte und aufgehärtete Zonen durch Ätzen mit 10 %iger alkoholischer Salpetersäure sichtbar gemacht

Bild 21   1 : 2

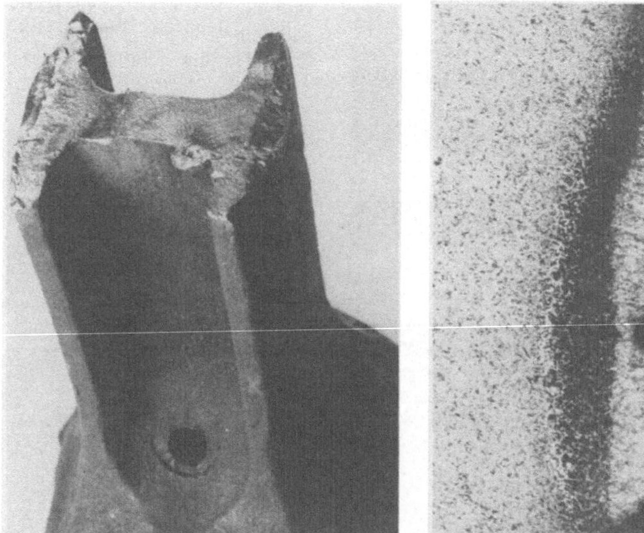

Bild 22   1 : 2   Bild 23   10 : 1

Bild 21. Bruchstück eines Pleuels mit den Resten eines mit Schweißpunkten ange-
hefteten Stahlrohres für die Ölzufuhr
Bild 22. Gegenbruchstück zu Bild 21 mit einer von einem Schweißpunkt ausgehenden
Dauerbruchfläche
Bild 23. Makroschliff durch den in Bild 22 gezeigten Schweißpunkt und seine Um-
gebung. (Ätzmittel: 4%ige alkoholische Salpetersäure)

12

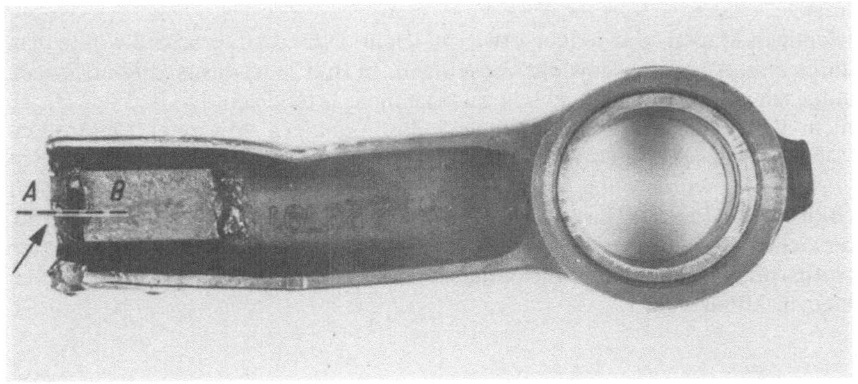

Bild 24   1 : 2

Bild 25   8 : 1

Bild 24. Von einer Elektroden-Zündstelle (Pfeil) ausgehender Bruch an einer Pleuelstange eines Lkw-Motors

Bild 25. Makroschliff durch A—B in Bild 24. Die Zahlen geben die Vickershärten HV 5 an den bezeichneten Stellen an. (Ätzmittel: 4%ige alkoholische Salpetersäure)

13

wichtigen Maßen, war jedoch etwas zu leicht. Diesen Unterschied wollte man durch ein „Ausgleichsgewicht" beseitigen. In Bild 24 ist das zu diesem Zweck aufgeschweißte Blechstückchen zu erkennen. Interessant ist, daß der Bruch nicht von einer der kurzen Schweißnähte, sondern von einer Elektroden-Zündstelle ausgegangen war.

Auch hier wurde ohne Vorwärmung geschweißt. Wie die am Makroschliff (Bild 25) ermittelten Härtewerte zeigen, ist es dadurch in den Wärmeeinfluß-bereichen des im vergüteten Zustand vorliegenden Stahles zu erheblichen Aufhärtungen gekommen. Besonders hoch ist zwangsläufig die Härte unter der kleinen Zündstelle.

Aufkohlung

Stahl ist durch das große Lösungsvermögen der Gamma-Mischkristalle für Kohlenstoff in der Lage, bei Temperaturen oberhalb des Punktes A_3 aus kohlenstoffhaltiger Umgebung Kohlenstoff aufzunehmen. Diese Tatsache nutzt man bei der Einsatzhärtung aus. Hierbei werden Werkstücke aus kohlenstoffarmem Stahl an der Oberfläche so stark aufgekohlt, daß der Kohlenstoffgehalt hier etwa dem eines eutektoidischen Stahles (0,8 % Kohlenstoff) entspricht. Beim anschließenden Härten nimmt die aufgekohlte Randzone hohe Härte an, während der kohlenstoffarme Kern zäh bleibt.

Bei der Verarbeitung kann Stahl aber auch unbeabsichtigt aufgekohlt werden. Das verminderte Formänderungsvermögen und die Aufhärtungsneigung solcher Zonen können Ursachen für Schadensfälle sein.

Um Explosionen bei Reparaturschweißarbeiten an Gasleitungen zu vermeiden, wird das Gas in den Leitungen gelassen und nur der Betriebsdruck vermindert. Bild 26 zeigt einen Makroschliff aus einer Gasschweißnaht, mit der eine Muffe (M) an die Außenwand eines gasführenden Stahlrohres (R) angeschweißt wurde. Die Innenwand des dünnwandigen Rohres wurde beim Schweißen unter der Schweißstelle so heiß, daß hier Kohlenstoff aus dem vorbeistreichenden Gas in den Rohrwerkstoff eindringen konnte.

Da mit steigendem Kohlenstoffgehalt bis 4,3 % die Schmelzpunkte der Eisen-Kohlenstoff-Legierungen fallen, wurde in der betroffenen Zone der Schmelzpunkt herabgesetzt, und zwar so weit, daß an der am stärksten aufgekohlten Stelle der Rohrinnenwand eine Schmelzzone entstand (s. Pfeil in Bild 26). Der Kohlenstoffgehalt war hier weit über 2 % angestiegen. Die flüssige Stelle erstarrte deshalb nicht wieder zu Stahl, sondern es entstand ein Fleck aus hoch kohlenstoffhaltigem, sehr hartem weißem Gußeisen (Bild 27). An diese Aufschmelzzone (unten) schließt sich Stahlgefüge mit mehr als 0,8 % Kohlenstoff an (Mitte), in dem der Zementit, durch grobes Korn und etwas beschleunigte Abkühlung beeinflußt, in Widmannstättenscher Anordnung nadelförmig ausgeschieden wurde. Der Schmelzvorgang war an den Austenitkorngrenzen vorausgeeilt. In den überperlitischen Bereich ragen deshalb stellenweise noch flüssig gewesene, die ehemaligen Austenitkorngrenzen markierende Zonen höheren Kohlenstoffgehaltes hinein, die zu weißem Gußeisen erstarrt sind. An die überperlitische Zone schließt sich noch ein etwa perlitischer Bereich mit Kohlenstoffgehalten um 8 % an, der dann ziemlich schroff in den überhitzten, ebenfalls in Widmannstättenscher Struktur vorliegenden Grundwerkstoff übergeht. In der Aufschmelzzone wurde eine

Bild 26   5 : 1

Bild 26. Makroschliff aus einer bei Reparaturarbeiten an einer gasführenden Leitung gasgeschweißten Muffennaht. (Ätzmittel: 10%ige alkoholische Salpetersäure)

Vickershärte von 600 HV1 gegenüber 130 HV1 im nicht aufgekohlten Grundwerkstoff gemessen.

Bild 28 zeigt zum Vergleich einen Makroschliff aus einer unter sonst gleichen Bedingungen ausgeführten Lichtbogenschweißnaht an demselben Rohr. Da wegen der kürzeren Erwärmungszeit beim Lichtbogenschweißen weniger Wärme eingebracht wird, ist die der Schweiße gegenüberliegende innere Rohrwand nur unbedeutend aufgekohlt, wie in der Mikroaufnahme in Bild 29 (unten) zu erkennen ist.

Aus beiden Schweißstellen wurden Biegeproben entnommen und so gebogen, daß die aufgekohlten Zonen im Bereich der größten Biegebeanspruchung lagen. Dabei zeigte sich, daß die spröde Aufschmelzzone der gasgeschweißten Probe nicht die geringste Verformung ohne Rißbildung zuließ, während die lichtbogengeschweißte Probe sich um 180° biegen ließ, ohne einzureißen (Bild 30).

Die angerissene gasgeschweißte Probe wurde anschließend ebenfalls um 180° gebogen. Die bei der ersten Belastung in der spröden Aufkohlungszone entstandenen Risse wurden dabei von dem zähen Grundwerkstoff aufgefangen (Bild 31). Daraus läßt sich erklären, daß trotz der häufigen Anwendung des Gasschweißens bei Reparaturschweißarbeiten an gasführenden Leitungen keine Schäden bekannt sind, die auf die aufgekohlte, versprödete Zone zurückgeführt werden könnten. Das gilt allerdings nur für ruhende Belastung. Bei Wechselbeanspruchung muß damit gerechnet werden, daß sich von Rissen in der Aufschmelzzone ausgehende Dauerbrüche entwickeln.

Eine wesentlich stärkere Aufschmelzzone zeigt der in Bild 32 wiedergegebene Schliff, der einer Propangasflasche entnommen wurde. Hier waren Propangasflaschen ohne Griffe angefertigt worden. Später wurden doch noch Griffe an die bereits gefüllten Flaschen durch Gasschweißen angebracht. Zum Schutze des Schweißers wurde dabei zur Druckminderung das Ventil etwas geöffnet und Gas mit einem Schlauch weggeleitet. Da es sich um Gefäße mit nur 2 mm Wanddicke handelte, entstanden an den Innenwänden durch Aufkohlung aus dem Propangas gegenüber den Schweißstellen besonders tiefe und breite Aufschmelzzonen, die wegen ihrer Rißanfälligkeit in diesem Ausmaß nicht mehr toleriert werden konnten.

Eine ebenfalls unerwünschte, jedoch unvermeidliche Aufkohlung zeigt das Beispiel eines mit einer Nickelelektrode ohne Vorwärmung geschweißten

16

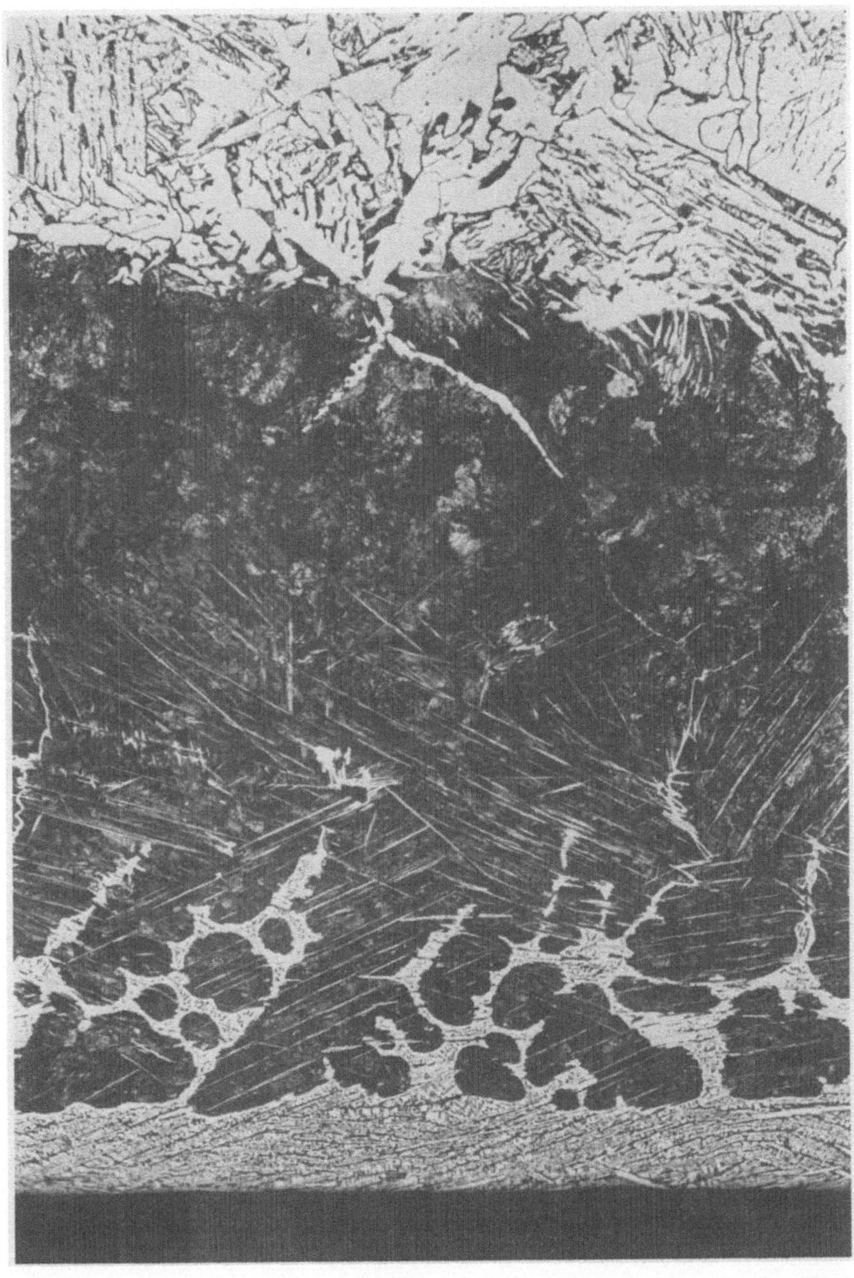

Bild 27   200 : 1

Bild 27. Mikrogefüge der Rohrinnenwand gegenüber der gasgeschweißten Muffennaht.
(Ätzmittel: 2%ige alkoholische Salpetersäure)

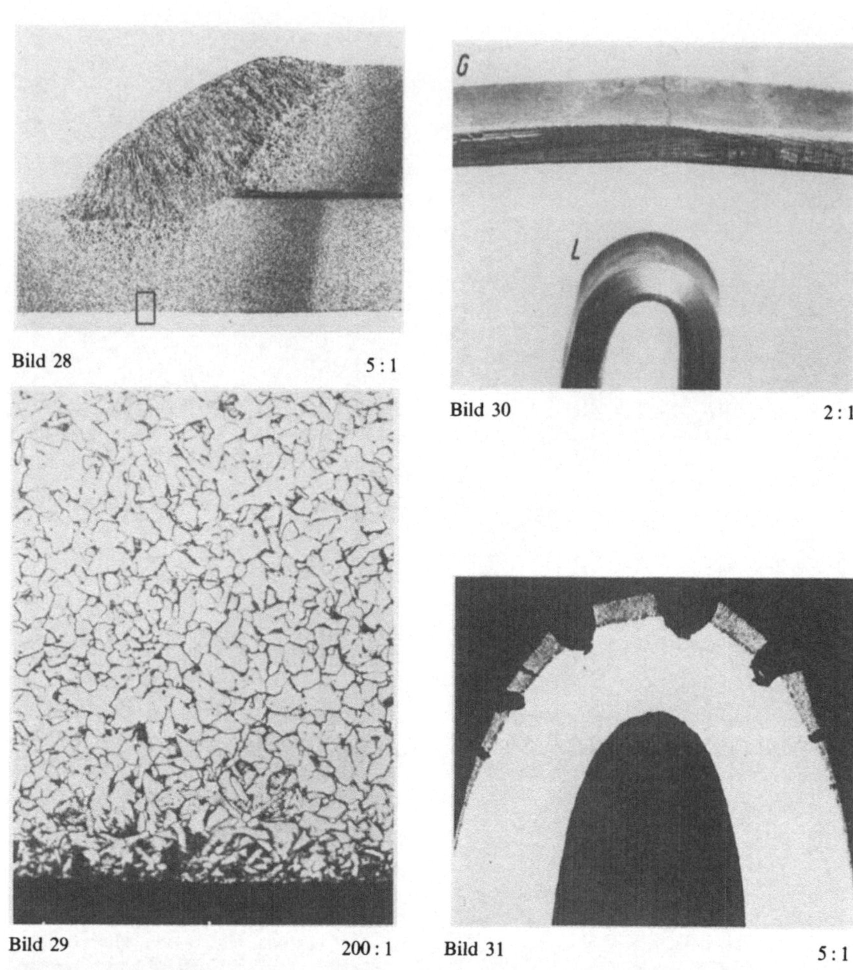

Bild 28   5 : 1

Bild 30   2 : 1

Bild 29   200 : 1   Bild 31   5 : 1

Bild 28. Makroschliff aus einer Lichtbogennaht an einer gasführenden Leitung. (Ätzmittel: 10%ige alkoholische Salpetersäure)
Bild 29. Mikrogefüge der im Makroschliff Bild 28 mit Rechteck gekennzeichneten Stelle. (Ätzmittel: 2%ige alkoholische Salpetersäure)
Bild 30. Biegeproben aus beiden Schweißnähten. Aufgekohlte Zonen im Bereich der größten Biegebeanspruchung. (G gasgeschweißt, L lichtbogengeschweißt)
Bild 31. Makroschliff aus der auf 180° weitergebogenen Biegeprobe aus der gasgeschweißten Muffennaht

Gußeisens mit Kugelgraphit (Bilder 33 bis 35). Die Graphitkugeln lösen sich in der Übergangsaufschmelzzone fast vollständig auf. Beim Abkühlen scheidet sich der Kohlenstoff nicht wieder elementar als Graphit aus, sondern mit Eisen verbunden als Eisenkarbid. Es entsteht deshalb unmittelbar neben der Schweiße eine schmale, hochzementithaltige und durch Vermischung mit dem Grundwerkstoff auch stellenweise nickelmartensithaltige [26], außerordentlich spröde Zone. Diese auch bei Kaltschweißarbeiten an Grauguß auftretende spröde Zone ist der Grund dafür, daß beim Kaltschweißen von Gußeisen, das

18

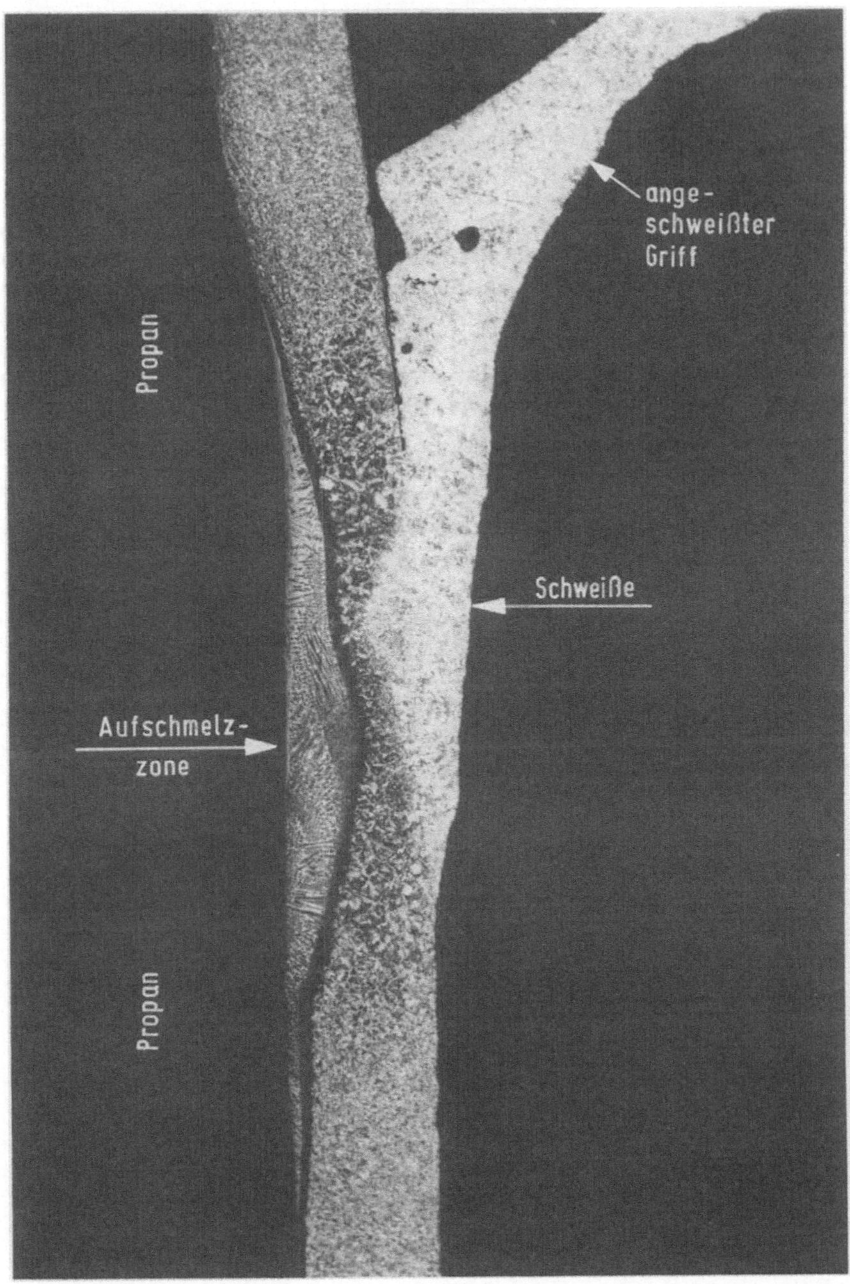

Bild 32

10 : 1

Bild 32. Schliff durch Aufschmelz- und Aufkohlungszonen, die dadurch entstanden sind, daß an einer gefüllten Propangasflasche ein Griff durch Gasschweißen angebracht wurde. (Ätzmittel: 2%ige alkoholische Salpetersäure)

bei Reparaturarbeiten manchmal nicht zu vermeiden ist, hochnickelhaltige Zusatzwerkstoffe verwendet werden. Das große Formänderungsvermögen des sich dabei ergebenden zähen Schweißgutes ist in der Lage die unvermeidlich entstehenden Spannungen weitgehend aufzufangen. Im allgemeinen werden hierfür Nickel-Eisen-Elektroden solchen aus Reinnickel, Monel oder austenitischen Chrom-Nickel-Stählen vorgezogen.

Bei kaltgeschweißtem, ferritischem Kugelgraphitguß schließt sich an die Aufschmelzzone eine breitere Zone an, in der der Grundwerkstoff beim Schweißen zwar nicht flüssig wurde, wo jedoch die Graphitkugeln unter dem Einfluß der Schweißhitze Kohlenstoff in ihre ferritische Umgebung abgegeben haben. Der Kohlenstoff, der bei der hohen Temperatur im Austenit (γ-Eisen) gelöst war, hat sich bei der Abkühlung (Umwandlung des Gitters zu α-Eisen) auch hier nicht wieder elementar, sondern als Eisenkarbid ausgeschieden (Bild 34). Bei langsamer Abkühlung bildet sich deshalb anschließend an die

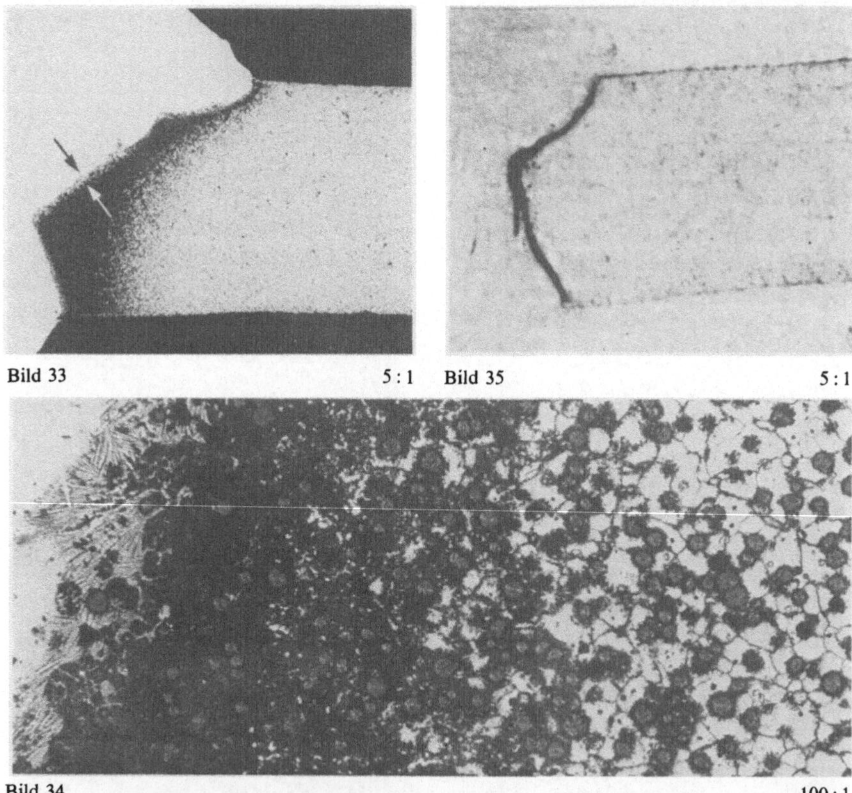

Bild 33   5 : 1 Bild 35   5 : 1

Bild 34   100 : 1

Bild 33. Veränderung des Gefüges eines ferritischen Sphärogusses durch den Einfluß der Schweißhitze beim Kaltschweißen. Hochzementithaltige Zone an der mit Pfeilen gekennzeichneten Stelle

Bild 34. Schweißübergangszone der Probe in Bild 33 bei stärkerer Vergrößerung. (Ätzmittel: 2 %ige alkoholische Salpetersäure)

Bild 35. Rißähnliche Anzeige an der Übergangszone des Schliffes bei magnetischer Durchflutung. (Vergrößerte Reproduktion eines Filmabdruckes)

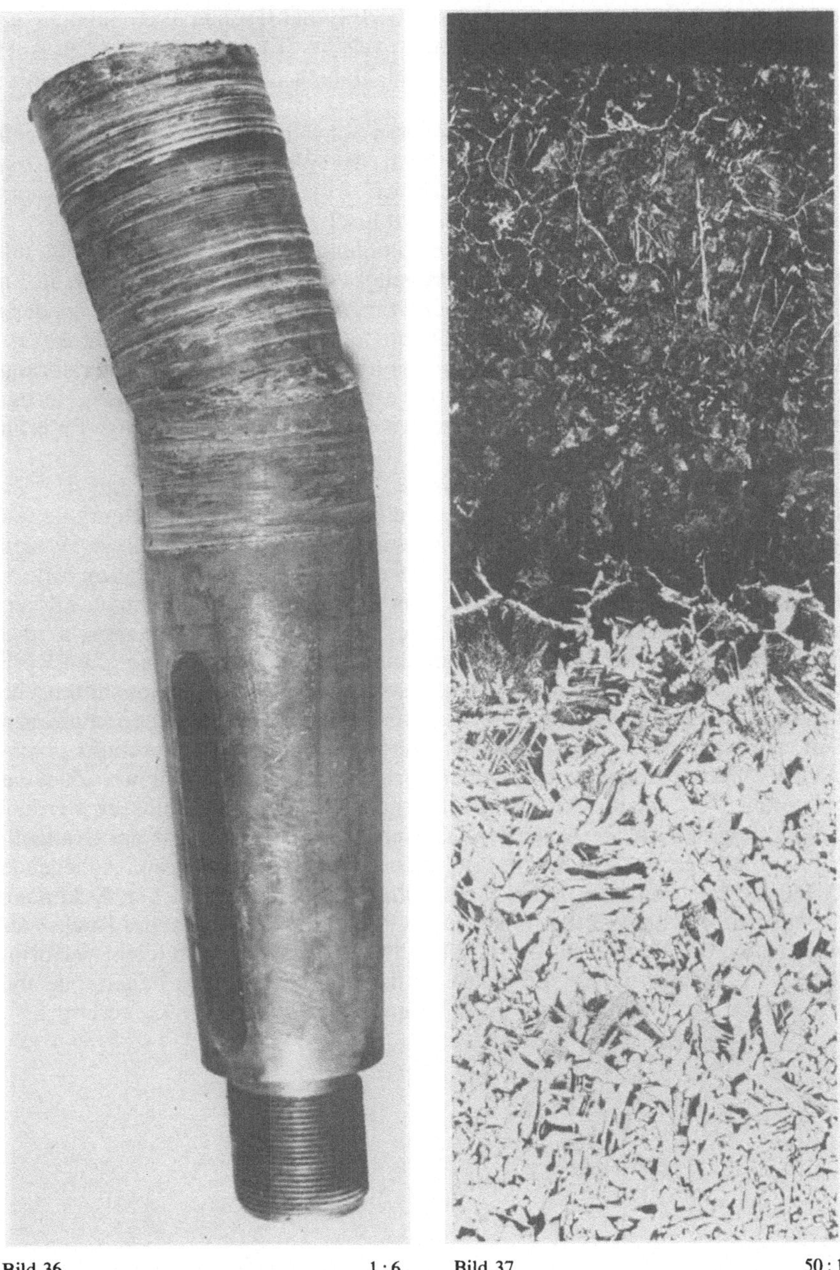

Bild 36. Teil einer gebrochenen Propellerwelle eines Motorschiffes
Bild 37. Aufgekohlte Randzone in einem Mikroschliff aus dem beschädigten Teil der Propellerwelle

spröde Aufschmelzzone ein Bereich mit perlitischer Grundmasse. Schnelleres Abkühlen (z. B. kleine Schweißstellen an großen Stücken) führt hier zu Aufhärtungserscheinungen, wie sie auch bei Stählen mit höheren Kohlenstoffgehalten beobachtet werden.

Bei magnetischer Rißprüfung an solchen Schweißstellen bilden sich wegen der sehr unterschiedlichen Permeabilität der Werkstoffe an den Grenzen zwischen Schweißgut und Grundwerkstoff Ablagerungen der Prüfsubstanz (Bild 36), die Risse oder Trennungen vortäuschen können [8].

Die metallographisch festgestellte Aufkohlung war nicht die Ursache für die Zerstörung der in Bild 36 gezeigten Propellerwelle eines Motorschiffes, die an der stark verschlissenen Stelle in einer Graugußbuchse gelaufen war, sondern nur eine Folgeerscheinung. Sie ermöglichte jedoch, neben anderen Gefügeveränderungen, Schlüsse auf die Bedingungen zu ziehen, die bei der Zerstörung vorgelegen hatten. Die Welle war laut Testunterlage aus Stahl C 22 gefertigt und normalgeglüht worden. Beim Schaden wurde das propellerseitige Ende im Winkel von etwa 15° abgebogen.

Eine vergleichende metallographische Untersuchung ergab, daß der beschädigte Teil gegenüber dem unbeschädigten über den ganzen Durchmesser im Gefüge verändert war. Die Randzone des beschädigten Teiles erwies sich bei der Feilprobe als nahezu glashart. Die Aufnahme Bild 37 zeigt im Mikroschliff aus dieser Zone eine bis zu 2 mm Tiefe aufgekohlte Schicht, mit anschließendem, dem Kohlenstoffgehalt des Grundwerkstoffes entsprechenden ferritisch-perlitischem Gefüge in Widmannstättenscher Anordnung. Im Kern dieses Querschnittes wurde ebenfalls ausgeprägte Widmannstättensche Struktur festgestellt, während Proben aus dem nicht beschädigten konischen Teil und dem motorseitigen ebenfalls unbeschädigten Wellenabschnitt gleichmäßiges Gefüge zeigten, wie es dem testgemäßen normalgeglühten Zustand entspricht. Aus diesen Untersuchungsergebnissen kann geschlossen werden, daß im Betrieb beim Versagen der Schmierung durch Reibung in der Graugußbuchse die Lagerstelle durchgreifend auf erheblich über dem Punkt A_3 liegende Temperaturen erhitzt und dabei gleichzeitig aufgekohlt worden war. Es können dabei sowohl Schmierfettreste als auch Graphit des Gußeisens der Buchse als Kohlungsmittel gewirkt haben. Der bei diesen Temperaturen leicht verformbare Stahl hat sich dann unter der durch das „Fressen" an der Lagerstelle und die Wärmeausdehnung immer größer werdende Beanspruchung verbogen.

Druckwasserstoff

Bei einigen wichtigen Produktionsverfahren der chemischen Industrie und der Erdölindustrie ist es nötig, Wasserstoff unter hohen Drücken und Temperaturen (Druckwasserstoff) in Stahlgefäßen zu halten oder durch Rohre zu leiten, wie z. B. bei der Ammoniaksynthese, der Kohlehydrierung, der Spaltung von Teer und Erdöl (Crackverfahren) und der Synthese des Methylalkohols. Werden für diesen Zweck unlegierte Stähle eingesetzt, muß damit gerechnet werden, daß nach kurzer Zeit der Werkstoff durch das Einwirken des Druckwasserstoffs brüchig wird.

Der Wasserstoff (H_2) gehört zu den zweiatomigen Gasen, bei denen unter normalen Bedingungen jeweils zwei Atome fest miteinander zu einem Molekül verbunden sind. An den heißen Wänden der Druckwasserstoffgefäße oder -leitungen werden die Wasserstoffmoleküle jedoch durch eine katalytische Wirkung der heißen Stahloberfläche gespalten. An den heißen Wandungen treten deshalb auch Wasserstoffatome (H) auf.

Die kleinen Wasserstoffatome können leicht in den Stahl eindiffundieren, wobei sie Gitterstörstellen bevorzugen, wie Korngrenzen, Verunreinigungen und kaltverformte Zonen. Wenn die eindiffundierenden Wasserstoffatome auf die kohlenstoffhaltigen Eisenkarbidplatten der Perlitkörner treffen, sind sie aufgrund ihrer großen chemischen Verwandtschaft (Affinität) zum Kohlenstoff in der Lage, dem Eisenkarbid den Kohlenstoff zu entreißen. In unlegierten Stählen reagieren die eingewanderten Wasserstoffatome deshalb mit dem Eisenkarbidanteil der Perlitkörner nach der Gleichung

$$Fe_3C \quad + \quad 4\,H \quad \rightarrow \quad 3\,Fe \quad + \quad CH_4$$
$$\text{Eisenkarbid} + \text{Wasserstoff} \rightarrow \text{Eisen} + \text{Methan}$$

Der Stahl wird bei dieser Reaktion unter Auflösung der Eisenkarbidplatten innerlich abgekohlt, und es bildet sich Methangas. Die großen Methanmoleküle können nicht so gut im Stahl wandern wie die Wasserstoffatome. Das diffusionsträge Methangas setzt sich deshalb an den Korngrenzen fest. Da es durch die hohe Temperatur und den Mangel an Raum unter hohem Druck steht, treibt es die Körner des Stahles so weit auseinander, daß sie den Zusammenhalt verlieren und das Gefüge durch Risse an den Korngrenzen (interkristalline Risse) aufgelockert wird [9, 36, 46, 47, 55]. Mit fortschreitendem Angriff kann der Wasserstoff immer ungehinderter in den Stahl eindringen, wodurch die Zerstörung kontinuierlich beschleunigt wird [48].

Bei atmosphärischem Druck und Temperaturen bis 700 °C übt Wasserstoff auf unlegierte Stähle keinen Einfluß aus [9]. Moderne Hochdruckapparaturen für Hydrieranlagen werden jedoch Drücken bis 1000 bar und Temperaturen bis etwa 600 °C ausgesetzt [46]. Unlegierte Stähle sind schon bei niedrigeren Temperaturen und geringeren Drücken anfällig.

Ein Beispiel ist in den Bildern 38 bis 41 wiedergegeben. Die Probe, von der die Mikroaufnahmen angefertigt wurden, stammt aus einem Rohr aus unlegiertem Stahl mit 10 mm Wanddicke. Das Rohr wurde einer Anlage entnommen, die unter ständiger Einwirkung von Druckwasserstoff von 400 °C und 18 bar Druck stand. In Bild 38 sind im ungeätzten Mikroschliff die durch das Methangas aufgerissenen Korngrenzen an der inneren Rohrwand zu sehen. Bild 39 zeigt das normale, aus Ferrit und Perlit bestehende Gefüge der noch nicht beeinflußt gewesenen äußeren Rohrwand. Bild 40 gibt das abgekohlte Gefüge der Innenwand wieder, in dem nur noch Eisenkristallite und Risse zu erkennen sind. Die feinen Korngrenzenrisse vergraten bei den metallographischen Vorbereitungsarbeiten leicht und sind deshalb im Mikroskop meist erst nach mehrmaligem Polieren und Zwischenätzen deutlich zu erkennen [47]. Auf der von der Bruchfläche einer Biegeprobe angefertigten Rasteraufnahme Bild 41 sind Korngrenzenbrüche im abgekohlten Bereich zu erkennen.

Werden dem Stahl karbidbildende Elemente wie Chrom, Molybdän, Vanadium und Wolfram zulegiert, die in der Lage sind, sich mit Kohlenstoff stabiler zu verbinden als das Eisen, kann die Methangasbildung unterbunden und damit die Beständigkeit gegen Druckwasserstoff wesentlich gesteigert werden [47]. Bei Kohlenstoffgehalten von 0,1 bis 0,3 % genügen für die Bildung stabiler Karbide 3 bis 6 % Chrom. Molybdän und bei einigen Stählen auch Vanadium werden zulegiert, um neben der Beständigkeit gegen Druckwasserstoff noch die nötige Warmfestigkeit zu gewährleisten. Da diese Elemente ebenfalls Karbidbildner sind, tragen sie zur Druckwasserstoffbeständigkeit bei, so daß der Chromgehalt bei Anwesenheit dieser Elemente gesenkt werden kann. Mit steigendem Wasserstoffdruck sinken die Temperaturen, bei denen diese Stähle beständig sind [36]. Allgemein benutzte druckwasserstoffbeständige Stähle sind im Stahl-Eisen-Werkstoffblatt 590 zusammengestellt.

Die beste Beständigkeit gegen Druckwasserstoff ist gegeben, wenn die „Sonderkarbide" gleichmäßig verteilt sind. Die druckwasserstoffbeständigen Stähle werden deshalb vergütet, um feines und gleichmäßiges Gefüge zu erhalten. Da durch Zusätze von Chrom der Stahl für diese Behandlung besonders geeignet wird, ist Chrom das kennzeichnende Legierungselement der druckwasserstoffbeständigen Stähle. Beim Vergüten muß nach dem Abschrecken hoch und lange angelassen werden, weil erst dann Eisen aus den Karbiden verdrängt wird und durch Anreicherung von Chrom wasserstoffbeständige Chrom-Sonderkarbide entstehen. Die Anlaßtemperaturen liegen je nach Stahlqualität zwischen etwa 650 bis 750 °C, die Abkühlung soll langsam erfolgen [43].

Im schnell abgekühlten martensitischen Zustand ist der gelöste Kohlenstoff nicht an Chrom gebunden und kann mit Druckwasserstoff reagieren. Aber auch dann, wenn sich nach etwas langsamerer Abkühlung Zwischenstufengefüge gebildet hat, oder wenn die Perlitstufe schnell durchlaufen wurde, enthält das Gefüge nicht genügend beständige Karbide. Dies ist besonders beim Schweißen zu beachten, weil die druckwasserstoffbeständigen Stähle durch ihre Legierungselemente Lufthärter sind und sich ungünstige Umwandlungsgefüge im Wärmeeinflußgebiet der Schweißnaht bilden können. Deshalb muß bei

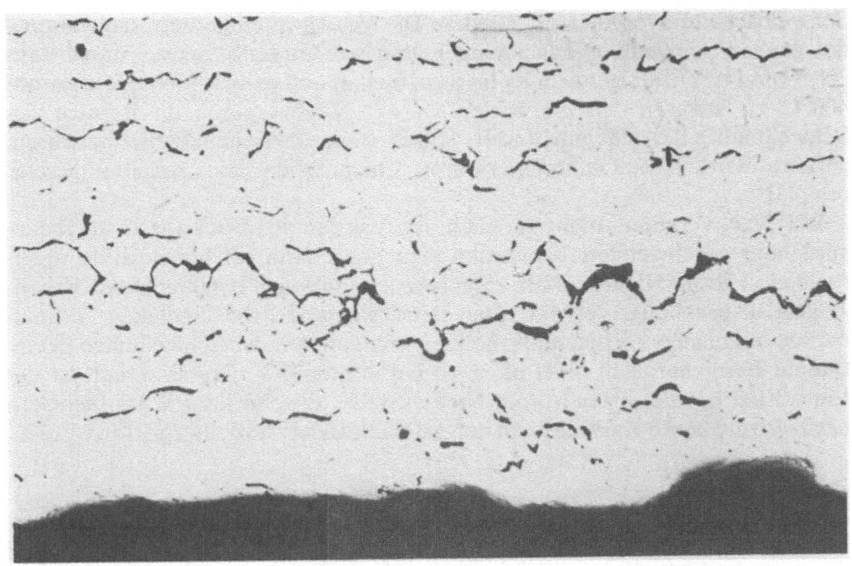

200 : 1

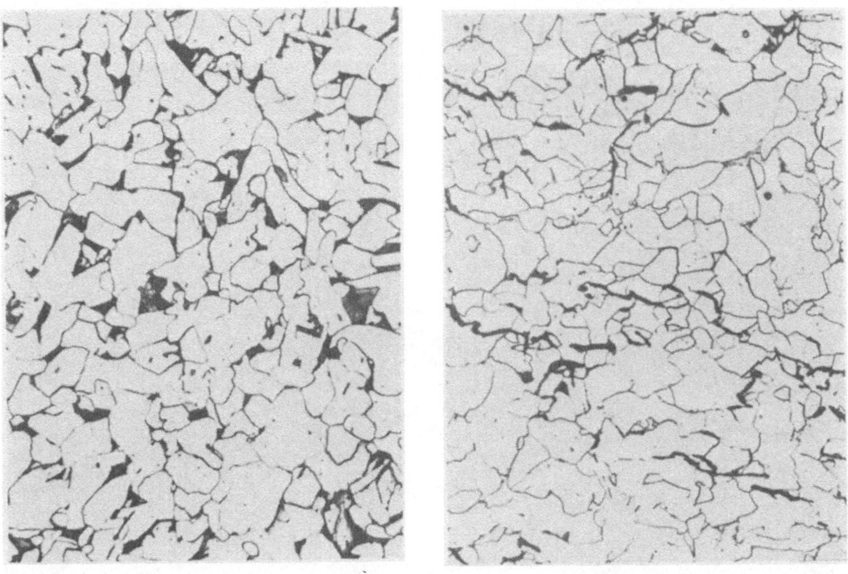

200 : 1

200 : 1

Bild 38. Ungeätzter Mikroschliff aus der durch Druckwasserstoff zerstörten Innenwand eines Rohres aus unlegiertem Stahl

Bild 39. Mikrogefüge der nicht beeinflußten äußeren Rohrwand. (Ätzmittel: 2%ige alkoholische Salpetersäure)

Bild 40. Abgekohltes Gefüge der rissigen Zone

Schweißarbeiten vorgewärmt werden. Die Vorwärmtemperatur, die während des ganzen Schweißvorganges eingehalten werden muß, beträgt mindestens 200 °C und ist mit steigendem Kohlenstoffgehalt und größeren Wanddicken auf 400 °C zu steigern. Zu empfehlen ist ein Nachvergüten im Bereich der Schweißnaht, die am günstigsten sofort ohne Zwischenabkühlung durchgeführt wird. Die Glühtemperaturen entsprechen den Anlaßtemperaturen [43].

Wo Nachvergüten nicht möglich ist, werden in druckwasserstoffbeanspruchten geschweißten Konstruktionen auch dann oft hochlegierte nichtrostende Chrom-Nickel-Stähle eingesetzt, wenn keine entsprechende Korrosionsbeanspruchung vorliegt. Die Druckwasserstoffbeständigkeit vermindernde ungünstige Gefügeumwandlungen in den von der Schweißhitze beeinflußten Bereichen sind dann nicht zu befürchten [37]. Grundsätzlich ist der Einsatz der hochlegierten Chrom-Nickel-Stähle, die eine hohe Warmfestigkeit besitzen und deren Karbide nicht durch Druckwasserstoff angegriffen werden,

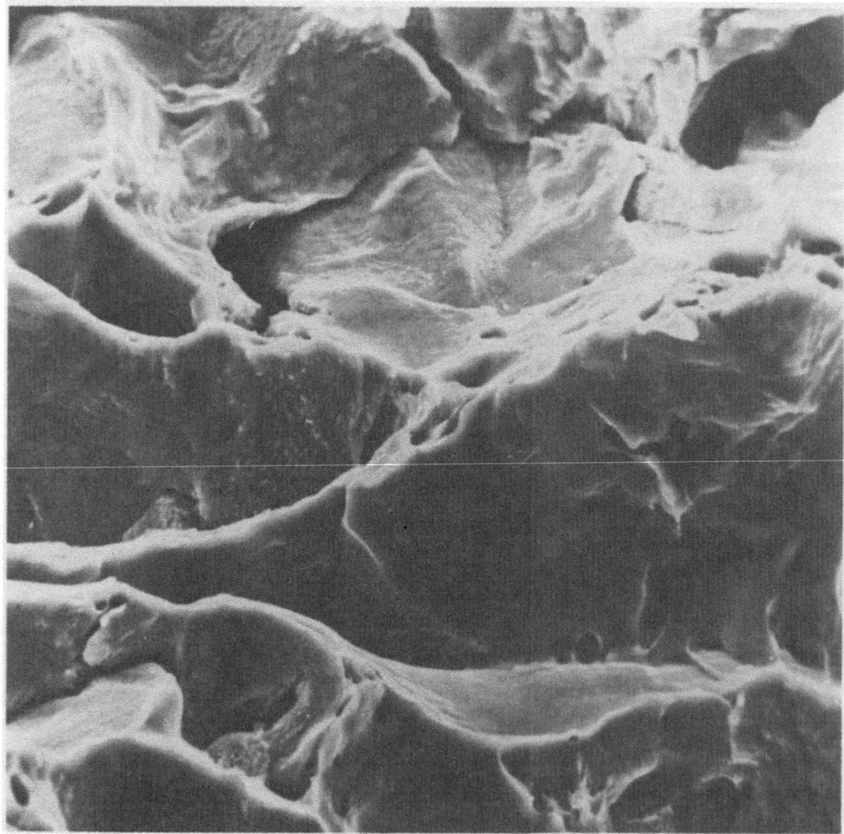

Bild 41   1200 : 1

Bild 41. Rasteraufnahme vom abgekohlten Bereich der Bruchfläche einer Biegeprobe aus dem durch Druckwasserstoff zerstörten Rohr (Bilder 38 bis 40) mit Korngrenzenbrüchen

26

bei Wasserstoffdrücken über 700 bar und Temperaturen oberhalb 500 °C zweckmäßig, vor allem auch dann, wenn nicht nur mit Druckwasserstoff sondern auch mit hoher Korrosionsbeanspruchung gerechnet werden muß.

In Verarbeitungsanlagen für Erdöl werden hochchromhaltige, nickelfreie Stähle wie z. B. X20CrMo12 1 eingesetzt, wenn gleichzeitig eine höhere Beständigkeit gegen den Angriff von Schwefelverbindungen gefordert wird. Durch Zusatz von Molybdän oder auch Vanadium, Niob und Titan werden die Warmfestigkeiten dieser hoch chromlegierten Stähle bis auf etwa 600 °C erhöht [36].

Typische Kennzeichen für Wasserstoffeinwirkung werden manchmal auch bei Schadensfällen an Hochdruckdampfkesseln beobachtet. Der Wasserstoff bildet sich hier bei das normale Maß überschreitender Verzunderung des Stahles durch Heißdampf bei Temperaturen bis 570 °C nach der Reaktionsgleichung [46]

$$3\,Fe + 4\,H_2O \rightarrow Fe_3O_4 + 4\,H_2$$

oder, wenn man die Aufspaltung der Wasserstoffmoleküle an der heißen Stahloberfläche berücksichtigt [47], nach

$$3\,Fe + 4\,H_2O \rightarrow Fe_3O_4 + 8\,H$$

In der Dampfkesselpraxis hat sich für diese Heißdampfoxydation der den Vorgang nicht exakt bezeichnende Ausdruck „Dampfspaltungskorrosion" eingeführt.

Bei der Heißdampfoxydation entstehender atomarer Wasserstoff kann, wie bei Druckwasserstoffschäden, unter hohem Betriebsdruck in den noch nicht oxydierten heißen Stahl eindringen und über die Methangasbildung Abkohlung und Gefügeauflockerungen verursachen.

Die Bilder 42 und 43 zeigen Mikroaufnahmen aus einer Untersuchung an einem Kesselrohr aus 15Mo3, das im Betrieb gebrochen war. Das Rohr wies an der Innenwand sowohl narbige Anfressungen mit vielschichtigem, auf Heißdampfoxydation hindeutenden Aufbau des Zunders (Bild 42) als auch durch örtlich eng begrenzte Korrosionselemente verursachten Lochfraß auf. Besonders im Bereich der Bruchstelle wurden Gefügeauflockerungen festgestellt, wie sie von Druckwasserstoffschäden her bekannt sind (Bild 43).

Die in den Korrosionsprodukten vermuteten hohen Anteile an metallisch ausgeschiedenem Kupfer wurden bei der chemischen Analyse abgekratzter Innenbeläge mit Kupfergehalten zwischen 13 und 30 % bestätigt.

Nach Splittgerber und Börsig wird Kupfer mit rückgewonnenem Kondensat in die Kesselrohre eingeschleppt, nachdem es vom Kesselwasser in Gegenwart von Sauerstoff und Kohlensäure oder Ammoniak aus Kondensatoren und Armaturen herausgelöst wurde. Wenn es in gelöster Form als Ion (nur bei pH-Werten unter 7,6 beständig) oder in Form des Kupferammins im Kesselwasser vorhanden ist, kommt es zur Korrosion durch Abscheidung von metallischem Kupfer mit nachfolgender Lokalelementbildung. Im allgemeinen fällt jedoch aus dem zumeist alkalischen Kesselwasser das Kupfer als unschädliches, unlösliches Hydrat aus [64].

Im Schrifttum wurde schon vor längerer Zeit darauf hingewiesen, daß zwischen besonders starken Anreicherungen von metallischem Kupfer in Kesselrohren und der spezifischen Wärmebelastung dann Beziehungen bestehen, wenn ein Grenzwert der Wärmebelastung überschritten wird. Als

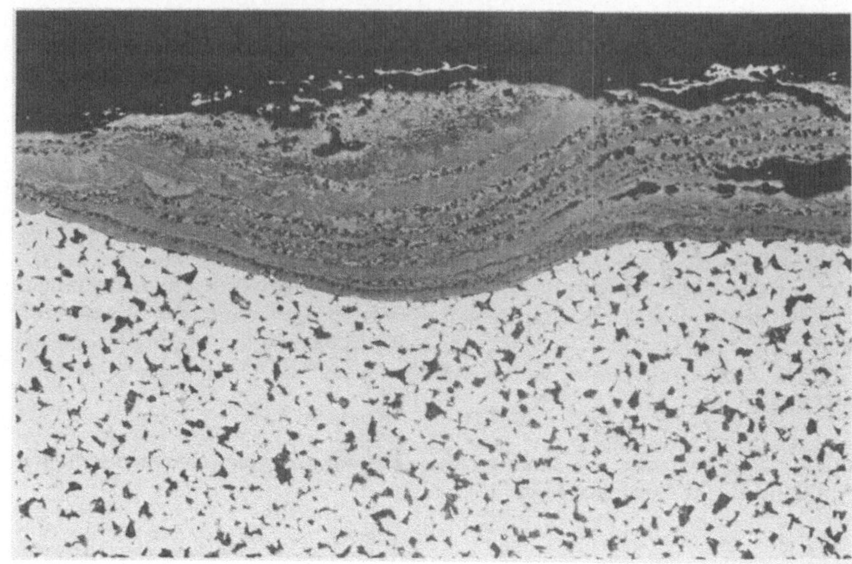

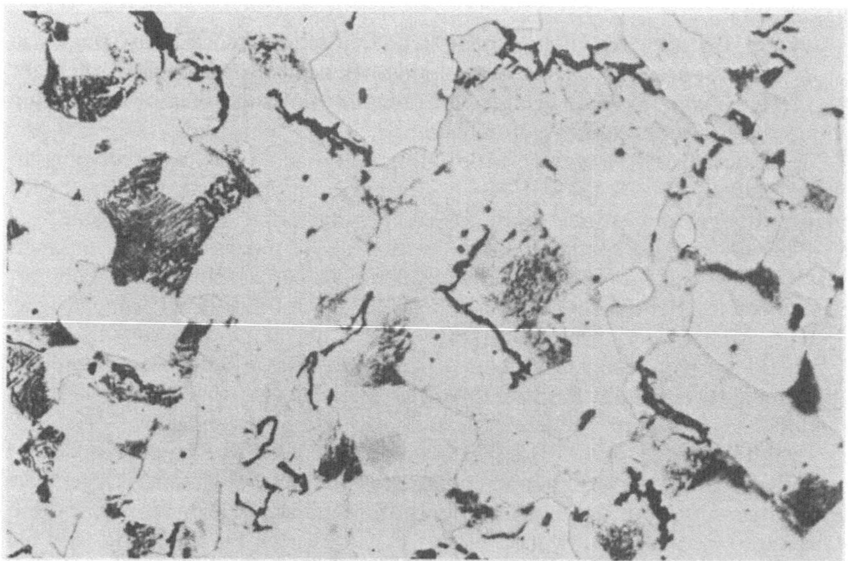

Bild 42. Narbige Korrosionsstelle an der Innenwand eines gebrochenen Kesselrohres aus 15Mo3 mit vielschichtig ausgebautem Zunder. (Ätzmittel: 2%ige alkoholische Salpetersäure)

Bild 43. Mikrogefüge der Rohrinnenwand im Bereich der Bruchstelle mit Gefügeauflockerungen und Abkohlungserscheinungen

kritischer Grenzwert wird in diesem Zusammenhang eine Heizflächenbelastung von etwa 840 MJ/m^2 h genannt. Die Geschwindigkeit des Abscheidungsvorganges selbst ist dabei vom Gesamtkupfergehalt des Kesselwassers unabhängig. Neben der die Lochkorrosion fördernden Lokalelementbildung übt metallisch abgeschiedenes Kupfer noch eine katalytische Wirkung aus, die die Voraussetzungen für die Heißdampfkorrosion zu niedrigeren Temperaturen verschiebt [23, 41, 52].

Als primäre Ursache für die Anfressungen und auch für die Gefügeauflockerungen durch atomaren Wasserstoff sind in diesem Falle die außergewöhnlich großen Mengen an metallisch ausgeschiedenem Kupfer anzusehen. Der geringe, zwischen 0,25 und 0,35 % liegende Molybdängehalt erhöht zwar die Warmfestigkeit des Stahles 15Mo3, reicht aber nicht aus, um Methangasbildung durch eindiffundierenden Wasserstoff zu verhindern. Da der Kessel nach der Reparatur weiterhin mit hoher, im kritischen Grenzbereich liegender Belastung gefahren werden sollte, wurden deshalb neben allgemein höheren Anforderungen an das Kesselwasser, entsprechend den Empfehlungen von Splittgerber und Börsig [64], besondere Maßnahmen gegen übermäßiges Abscheiden von metallischem Kupfer getroffen, wie Kationenaustauscher mit besonderer Kupferabsorptionsfähigkeit mit nachgeschalteten Mischbettfiltern.

Entzinkung

Entzinkung ist eine hauptsächlich bei Kupfer-Zink-Legierungen (Messingen) mit mehr als 15 % Zink auftretende Korrosionsart. Ähnliche Erscheinungen werden, allerdings seltener, auch bei anderen Kupferlegierungen wie Kupfer-Aluminium (Entaluminierung), Kupfer-Zinn (Entzinnung) und Kupfer-Nickel (Entnickelung) beobachtet. Allgemein wird angenommen, daß sich Kupfer und Zink der Kupfer-Zink-Legierungen in aggressiven Flüssigkeiten, wie Seewasser, Flußwasser, Leitungswasser, chloridhaltigen Lösungen, gemeinsam lösen. Während je nach Strömungsgeschwindigkeit die basischen Zinksalze (Korrosionsprodukte) fortgespült werden oder sich in voluminöser Form über der Korrosionsstelle abscheiden, schlägt sich infolge der Potentialunterschiede zwischen Messing und Kupfer an der Korrosionsstelle das edlere Kupfer wieder metallisch nieder. Das ausgefällte Kupfer füllt in schwammiger Form den Raum, den es vorher in Legierung mit dem Zink innehatte. Die Gestalt des Werkstückes bleibt dadurch fast erhalten, aber Festigkeit und Formänderungsvermögen gehen an den entzinkten Stellen verloren [16, 22, 28, 44, 67].

Völlige Klarheit über den Mechanismus der Entzinkung herrscht noch nicht. Neben der geschilderten Theorie wird auch noch die Ansicht vertreten, daß nur Zink aus der Legierung herausgelöst wird und das Kupfer zurückbleibt [56]. Nur in diesem Falle wäre der in der Praxis allgemein benutzte Ausdruck „Entzinkung" tatsächlich zutreffend (echte Entzinkung).

Lagenentzinkung, die gleichmäßig die ganze Oberfläche angreift, tritt meist dann auf, wenn Messingteile in Gegenwart eines Elektrolyten (z. B. Seewasser oder auch Leitungswasser) mit edleren Metallen Kontakt haben (Kontaktkorrosion) (Bilder 44 bis 46). Spalten und Risse, wie Gewinde oder unbeabsichtigte Verletzungen der Oberfläche begünstigen den Vorgang (Spaltkorrosion) [67].

Pfropfenentzinkung wird besonders in Rohren für Wärmeaustauscher (Kondensatoren und Kühler) beobachtet. Wenn in Stillstandperioden der Wärmeaustauscher nicht geleert, gründlich gereinigt und getrocknet wird oder auch im Betrieb bei zu schwacher Bewegung des Kühlwassers, setzen sich winzige Teilchen (Schmutz, Rost, Muscheln, Algen, Kleinlebewesen) an den Innenwänden der Rohre fest. Durch die schlechtere Belüftung der Oberfläche an den Berührungsstellen werden die mit Ablagerungen bedeckten Stellen unedler als ihre Umgebung. Es bilden sich „Lokalelemente" (Belüftungs-

Bild 44   2 : 1

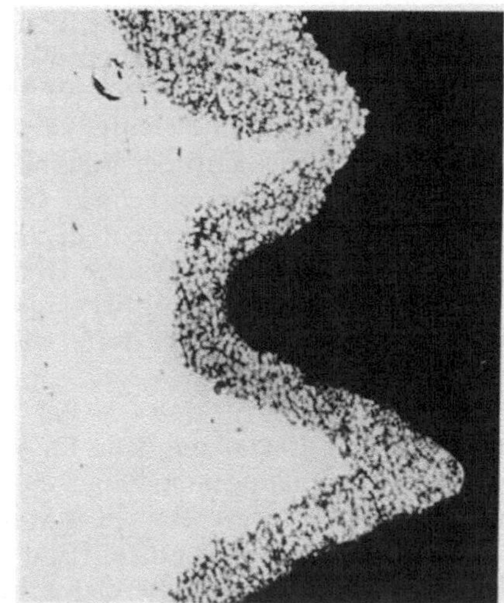

Bild 45   20 : 1

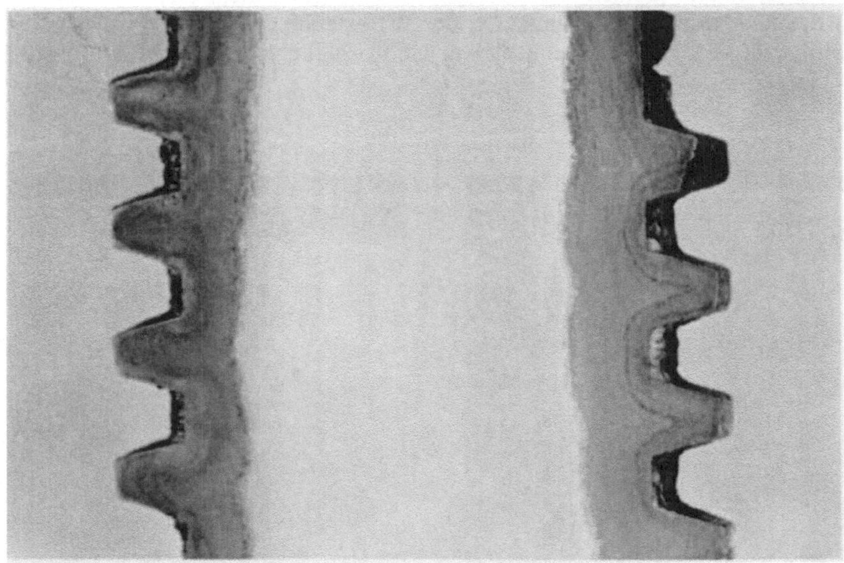

                                               4 : 1
Bild 46

Bild 44. Zahn aus einem durch Entzinkung zerstörten Zahnrad einer Seewasserpumpe. Das Zahnrad war aus Sondermessing, das Gegenrad aus Aluminiumbronze. (Ungeätzter Schliff)

Bild 45. Entzinktes Gewinde eines Messingwasserhahnes. Das Gegengewinde war Rotguß. (Ungeätzter Längsschliff)

Bild 46. Teil der Spindel eines Seewasserabsperrschiebers, durch Kontakt mit einer Bronzemutter in Seewasser zerstört. (Ungeätzter Längsschliff)

elemente), und das Messing unter den Ablagerungen geht anodisch in Lösung. Absterbende organische Substanzen erzeugen durch ihre Zersetzungsprodukte besonders starke örtliche korrosive Medien [22, 65].

Das wieder ausgefällte Kupfer sitzt als poröser Pfropfen in der Korrosionsstelle (Bild 47). Diese Art der Entzinkung ist besonders gefährlich, weil selbst bei dickwandigen Rohren schnell Lochdurchbrüche entstehen können. Für Wärmeaustauscher benutzte Reinigungsbürsten dürfen die Rohrwand nicht zerkratzen, weil solche Kratzer Ursache für Entzinkung sein können [22]. Gegen Belüftungselemente, hervorgerufen durch Ablagerungen, sind selbst so widerstandsfähige Werkstoffe wie die Kupfer-Nickel-Legierungen empfindlich [13].

Interkristalline Entzinkung. Die Empfindlichkeit der Kupfer-Zink-Legierungen gegen Entzinkung nimmt mit steigendem Zinkgehalt zu, merklicher Beginn bei mehr als 15% Zink. Bei $\alpha + \beta$-Messingen wird der unedlere zinkreichere β-Bestandteil zuerst angegriffen (Bild 48). Bei Messingen, die unmittelbar nach der Erstarrung den $\alpha + \beta$-Bereich schneiden und erst anschließend im α-Bereich weiter abkühlen (z. B. CuZn36) muß immer damit gerechnet werden, daß die α-Kristallite je nach Abkühlungsgeschwindigkeit mehr oder weniger von β-Bestandteilen umhüllt sind. Da der β-Bestandteil bevorzugt angegriffen wird, frißt sich die Entzinkung hier an den Korngrenzen entlang in das Messing

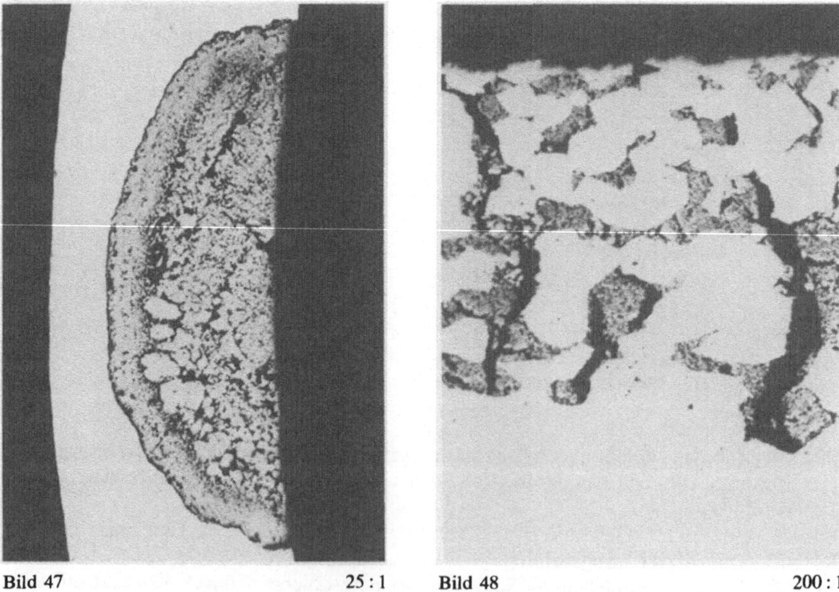

Bild 47   25 : 1   Bild 48   200 : 1

Bild 47. Pfropfenentzinkung in einem Kondensatorrohr aus CuZn28. (Ungeätzter Längsschliff)
Bild 48. Entzinkung in einem $\alpha + \beta$-Messing. Es wurde nur der β-Bestandteil angegriffen. (Ungeätzter Mikroschliff)

32

hinein. Für Kondensatorrohre wird deshalb dem CuZn36 das CuZn28 vorgezogen, das beim Abkühlen nicht mehr den $\alpha + \beta$-Bereich schneidet, aber noch genügend Zink enthält, um schützende Deckschichten zu bilden.

Schutzschichten bestehen aus unlöslichen Korrosionsprodukten, die beim Durchlauf des Kühlwassers entstehen und das darunterliegende Metall vor weiterem Angriff schützen. Frisch eingebaute Kondensatorrohre, die noch keine ausreichende Schutzschicht aufgebaut haben, sind besonders empfindlich. Beim Anfahren eines neuen oder mit neuen Rohren bestückten Kondensators muß deshalb in den ersten Wochen besonders darauf geachtet werden, daß das Kühlwasser rein ist.

Kondensatorrohre aus binären Messingen sind nicht in der Lage, feste Schutzschichten zu bilden, und werden deshalb nur noch in Anlagen mit niedrigen Temperaturen und Wässern geringer Aggressivität verwendet. Für schwierigere Betriebsbedingungen werden Rohre aus den Sondermessingen CuZn28Sn mit etwa 1% Zinn und CuZn20Al mit etwa 2% Aluminium eingebaut, die als Hemmstoffe (Inhibitoren) gegen Entzinkung noch geringe Mengen Arsen oder Phosphor enthalten, nach DIN 17660 zwischen 0,020 und 0,035%. Verunreinigungen im Messing, wie z. B. Eisen können Arsen oder Phosphor abbinden und so die Wirkung der Inhibitoren abschwächen. Zu hohe Zusätze von Arsen oder Phosphor erhöhen durch Ausscheidungen an den Korngrenzen die Neigung zur interkristallinen Korrosion [67].

Durch den Zinn- bzw. Aluminiumzusatz sind die beiden Sondermessinge CuZn28Sn und CuZn20Al in der Lage, widerstandsfähige dichte Schutzschichten aufzubauen, die sich bei Beschädigung schnell erneuern. Die Schutzschicht des aluminiumhaltigen Sondermessings CuZn20Al zeichnet sich durch besonders gute Beständigkeit gegen Seewassererosion aus. Trotzdem ist zu empfehlen, auch diese Kondensatorrohre vorsichtig einzufahren, wenn möglich erst mit normalem Leitungswasser [18].

Auch Rohre aus inhibierten Messingen mit widerstandsfähigen Schutzschichten müssen sorgfältig behandelt werden. Schutzschicht und Inhibitor hemmen zwar die Entzinkung, können sie aber bei besonders ungünstigen Betriebsbedingungen oder bei schlechter Wartung nicht verhindern.

Einen Fall interkristalliner Entzinkung an Wärmeaustauscherrohren aus CuZn20Al zeigen die Bilder 49 bis 51. Im Betrieb wurde durch die Rohre Heizkondensat geleitet und dabei von 250 °C auf 130 °C abgekühlt, während außen Speisewasser des Zweitkreislaufs von 90 °C auf 180 °C aufgewärmt wurde. Die Rohre waren bei Verformungsbeanspruchung bis tief in die Rohrwand hinein brüchig (Bild 49) und wiesen einen roten Außenbelag auf, der durch chemische Untersuchung als Fremdrost identifiziert werden konnte. Ein Mikroschliff, der einer noch nicht verformten Stelle eines der Rohre entnommen wurde, zeigte, daß die innere Rohrwand noch gesund war. Von außen ausgehend war das Gefüge durch tief in die Rohrwand hineinreichende interkristalline Entzinkung zerrüttet (Bild 50). Bild 51 zeigt das Gefüge der noch nicht entzinkten inneren Rohrwand. Es sind die α-Körner umhüllende β-Bestandteile zu erkennen, die sich deutlich von den knospigen Kupferablagerungen im zerstörten Teil unterscheiden.

Aluminium engt im Messing den α-Bereich ein. Dadurch läßt sich erklären, daß im aluminiumhaltigen Sondermessing CuZn20Al mit nur 22% Zink β-Bestandteile an den Korngrenzen auftreten können [67].

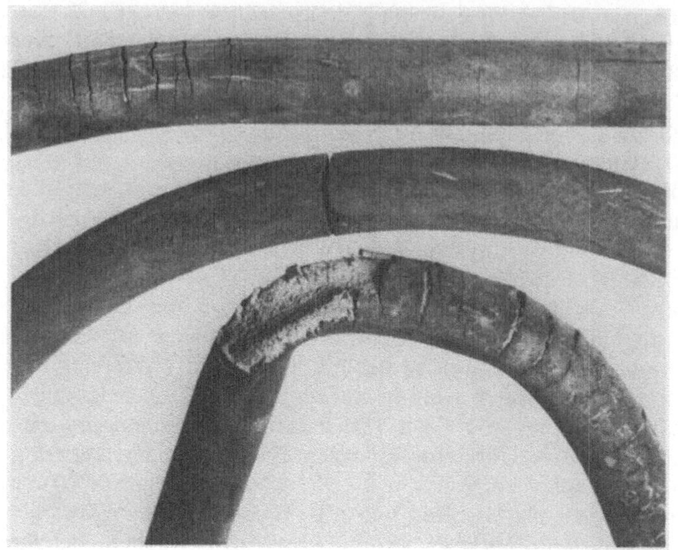

Bild 49   1 : 2

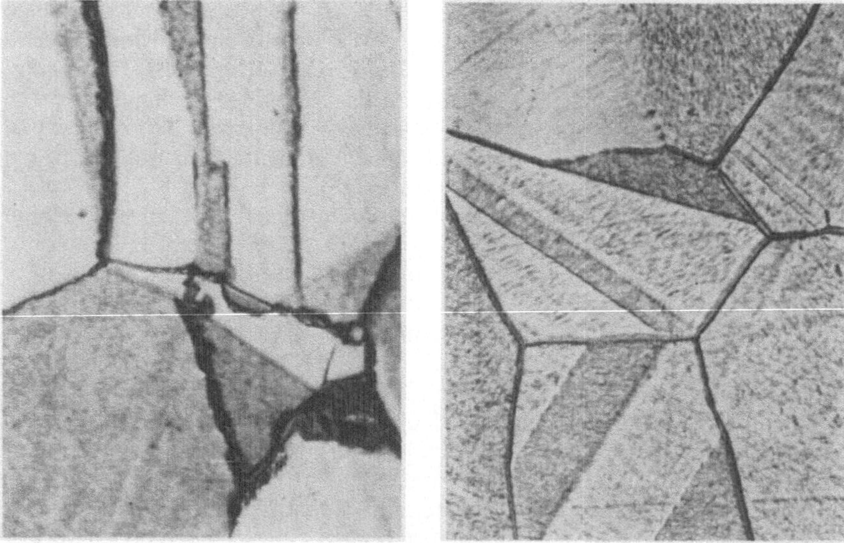

Bild 50   1500 : 1   Bild 51   1500 : 1

Bild 49. Durch interkristalline Entzinkung der Außenwände brüchig gewordene Kondensatorrohre aus CuZn20Al nach Verformung

Bild 50. Schwammige Kupferablagerungen an den Korngrenzen im Außenwandbereich eines Mikroschliffes aus einem der entzinkten Kondensatorrohre. (Ätzmittel: Ammoniak + Wasserstoffsuperoxid)

Bild 51. Mikrogefüge der noch nicht entzinkten inneren Rohrwand mit die α-Körner umhüllenden β-Bestandteilen. (Ätzmittel: Ammoniak und Wasserstoffsuperoxid)

34

Das Sondermessing CuZn20Al hat sich im praktischen Wärmeaustauscherbetrieb bewährt. Die geschilderte Zerstörung kann nur durch ungewöhnlich starke Korrosionsbeanspruchung von der Speisewasserseite des Zweitkreislaufes erklärt werden, z. B. von einer Wasserbehandlung herrührender hoher Sulfid- oder Ammoniakgehalt, wobei Fremdrostablagerungen die Zerstörung begünstigt haben können.

Wie das nächste Beispiel zeigt, kann Entzinkung auch an Messinghartlot auftreten, vor allem dann, wenn die Lötstellen nicht gründlich genug von Flußmittelresten gereinigt werden.

Untersucht wurden hartgelötete Kupferrohrabschnitte aus einem defekten Warmwasserbereiter. Die Lötungen waren als überlappte Rohrverbindungen mit einem eingezogenen Rohrende ausgeführt worden, wie in der Skizze Bild 52 dargestellt. An einigen Lötstellen waren bereits mit dem bloßen Auge Risse zu erkennen. Die Rohrverbindung mit der am stärksten beschädigten Lötnaht ist etwas vergrößert in Bild 53 wiedergegeben. Die Lötnaht war hier auf etwa 5 mm des Umfanges völlig mürbe und so lose, daß dieses Stück bei der Probennahme herausfiel. Einen Querschliff durch eine noch nicht herausgebröckelte angrenzende Stelle dieser Lötnaht zeigt Bild 54. Es ist deutlich zu erkennen, daß sich das Lot von dem nicht eingezogenen Rohrende gelöst hat. Da hier der Spalt zwischen den beiden Rohren nicht mit Lot gefüllt war, entstand ein Durchgang zum Rohrinneren. Vermutlich war hier die Spaltbreite beim Löten zu gering, so daß die eingedrungene Flußmittelmenge nicht ausreichte, um alle Oxide zu lösen und sich der Spalt nicht mit Lot füllen konnte.

Die genauere mikroskopische Untersuchung dieser Probe ergab, daß das ehemalige Messinglot bis auf kleine Reste völlig durch Entzinkungskorrosion zerstört war, wie in der Mikroaufnahme Bild 55 festgehalten. Zum Vergleich zeigt Bild 56 das Mikrogefüge einer Probe aus der gesunden Lötnaht einer anderen Stelle, bei der das Lot in den Spalt zwischen den beiden Rohrenden eingedrungen war.

Mikroschliffe durch andere rissige Lötstellen zeigten ebenfalls Entzinkungskorrosion, die aber nicht so weit fortgeschritten war, wie bei der Probe in Bild 54. Außerdem war bei diesen Lötstellen der Spalt gut mit Lotmetall gefüllt, so daß selbst bei einer so weitgehenden Zerstörung wie bei der Probe in Bild 54 die Lötung immer noch dicht gewesen wäre. An den Oberflächen dieser Lötstellen fielen im Bereich der Risse kleine Flecken mit glasigen, bläulichweißen Ankrustungen auf. Aufgrund dieser Beobachtung wurde gezielt an einer anderen, äußerlich nicht beschädigt erscheinenden Stelle mit einer gleichartigen Ankrustung eine Probe für einen Mikroschliff entnommen. In dem in der Farbaufnahme Bild 57 (Seite 38) wiedergegebenen Mikrogefüge dieser Stelle ist deutlich zu erkennen, daß auch hier Entzinkungskorrosion eingesetzt hat.

Das Aussehen der Ankrustungen und die Tatsache, daß die Lötnähte außerhalb dieser eng begrenzten Bereiche gesund waren, ließ vermuten, daß keine allgemein korrosionsfördernden Bedingungen vorlagen, sondern nur an einigen Stellen durch nicht entfernte, angebackene Flußmittelreste in Verbindung mit Wasser örtlich aggressive Medien entstanden waren, durch die das Lotmetall angegriffen und entzinkt wurde.

Um diese Vermutung zu untermauern, wurden von mehreren Lötstellen abgekratzte Ankrustungen spektralanalytisch untersucht. Dabei wurden neben

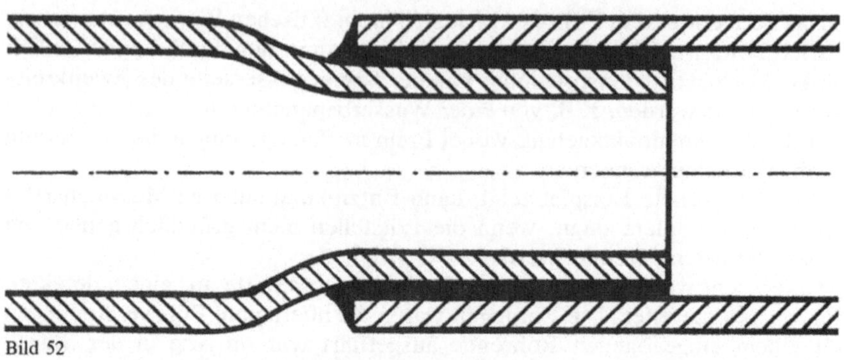

Bild 52

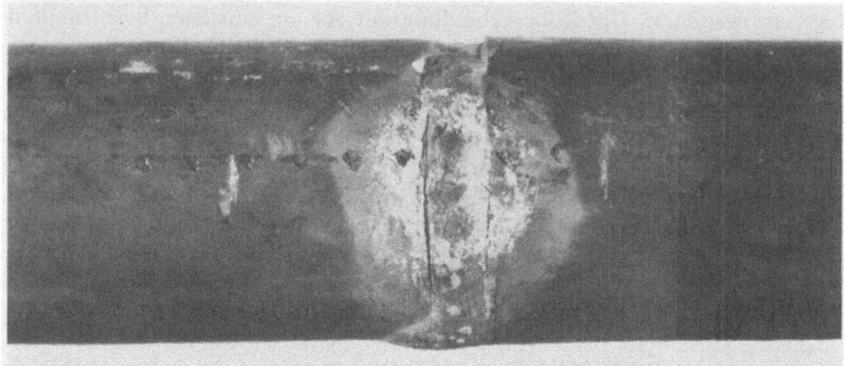

Bild 53   2,5 : 1

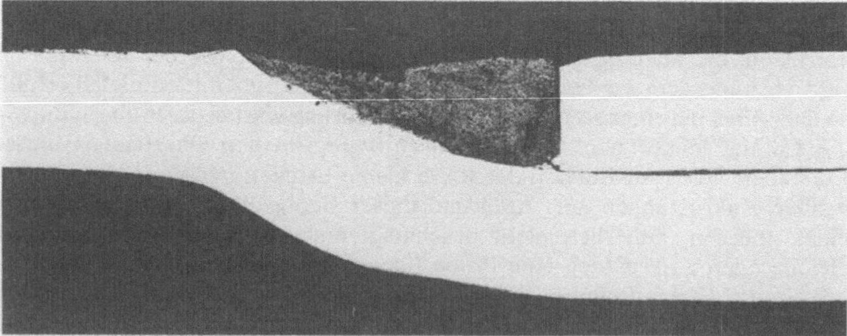

Bild 54   10 : 1

Bild 52. Skizze des bei den untersuchten Kupferrohr-Hartlötverbindungen angewandten Verfahrens

Bild 53. Übersichtsaufnahme einer der Kupferrohrverbindungen mit gerissener Lötnaht

Bild 54. Ungeätzter Querschliff durch die in Bild 53 gezeigte Lötnaht

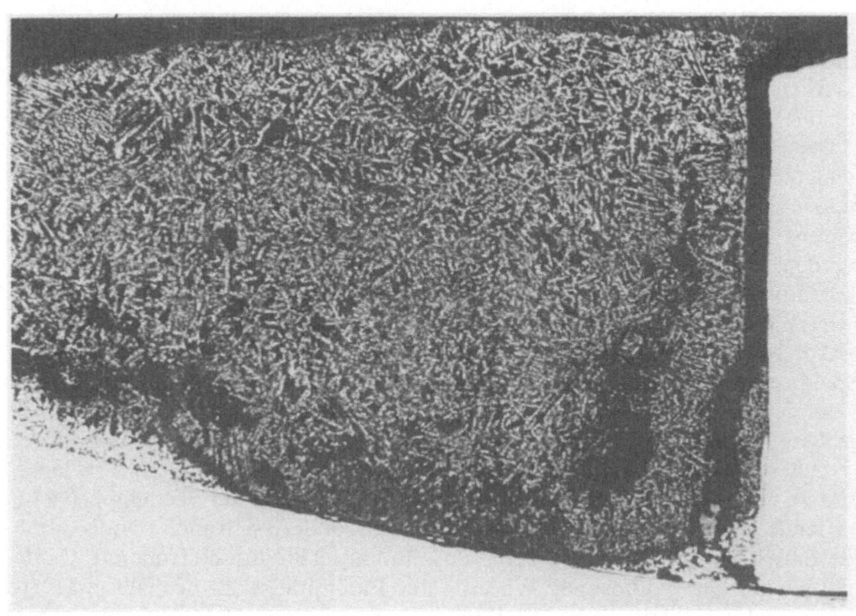

Bild 55   50 : 1

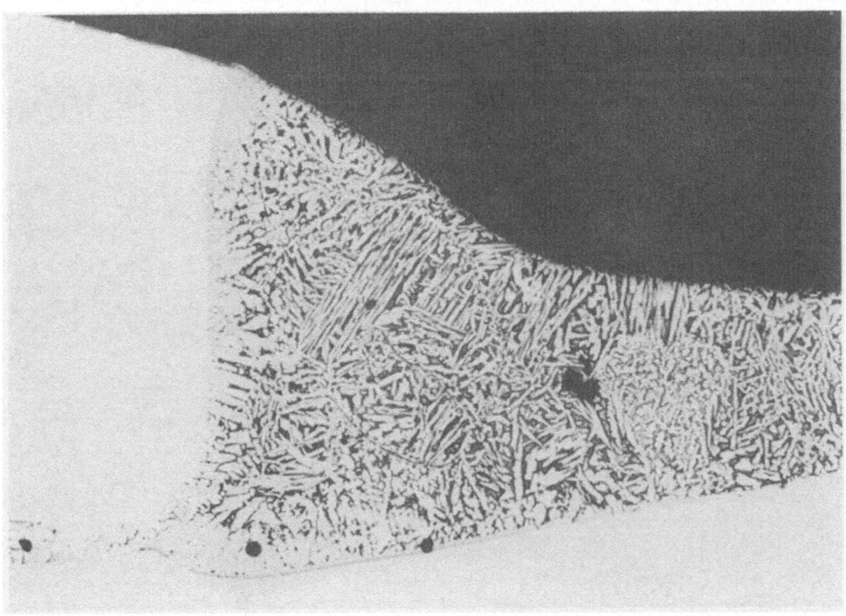

Bild 56   50 : 1

Bild 55. Teil des in Bild 54 gezeigten Schliffes bei stärkerer Vergrößerung
Bild 56. Vergleichsaufnahme eines schwach mit Ammoniumpersulfat geätzten Quer-
schliffes aus einer gesunden Lötstelle

aus dem Messinglot stammenden Kupfer und Zink auch Bor nachgewiesen. Die meisten Flußmittel für das Hartlöten von Schwermetallen sind auf Borbasis aufgebaut [45]. Da keine Anzeigen für Silber beobachtet wurden, ist anzunehmen, daß ein Messinglot verwendet wurde.

Der Schaden wäre nicht eingetreten, wenn die richtigen Spaltbreiten eingehalten und unmittelbar nach dem Löten die Flußmittelreste gründlich mit heißem Wasser, notfalls mit 5- bis 10%iger Schwefelsäure, abgelöst worden wären. Wenn möglich sollte beim Ablösen noch mit Bürsten nachgeholfen werden. Bei Kupfer und Kupferlegierungen dürfen hierfür keine Stahlbürsten sondern nur Messing- oder Bronzebürsten benutzt werden.

Die günstigsten Spaltbreiten liegen je nach Lot und Flußmittel zwischen 0,05 und 0,2 mm. Bei hochschmelzenden Messingloten nach DIN 8 513 darf die Spaltbreite nicht unter 0,1 mm liegen. Silberhaltige Lote lassen wegen der niedrigeren Arbeitstemperaturen engere Spalte zu, theoretisch bis 0,02 mm, zur größeren Sicherheit in der Praxis 0,05 mm [71].

Außerdem muß darauf geachtet werden, daß die Lötstellen nicht zu lange erhitzt werden, weil beim Erwärmen nicht nur der auf der Metalloberfläche haftende Oxidfilm vom Flußmittel gelöst wird, sondern sich auch ständig durch die Einwirkung der Luft, die durch das Flußmittel hindurchdiffundiert, Oxide neu bilden. Die oxidlösende Wirkung des Flußmittels läßt deshalb mit fortschreitender Lötzeit nach [71]. Wegen ihrer größeren Haftspannung lassen sich stark oxidhaltige Flußmittelreste schwerer entfernen. Im allgemeinen sollte das Löten in etwa 2 min beendet sein. Wenn das nicht möglich ist, sollte ein Flußmittel mit geringer Empfindlichkeit gegen „Überzeiten" ausgewählt werden [42].

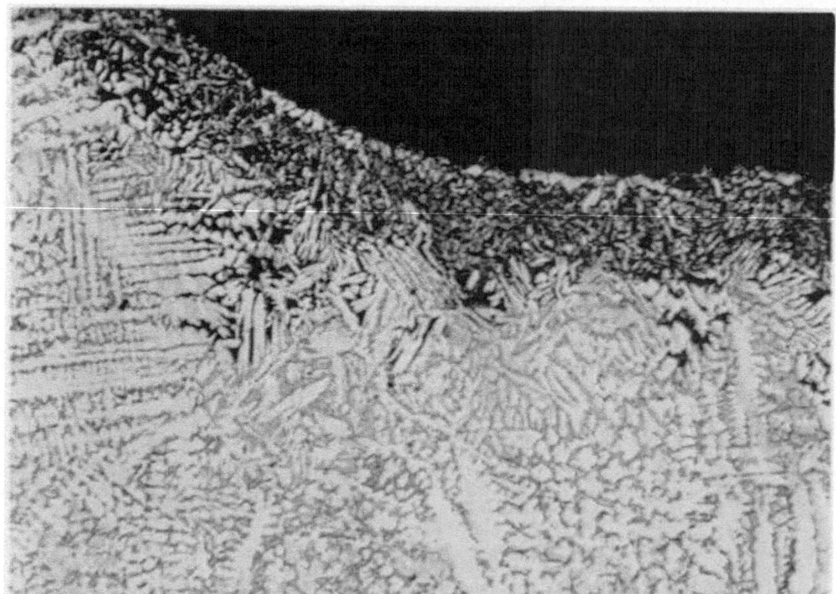

Bild 57   100 : 1

Bild 57. Schwach mit Ammoniumpersulfat geätzter Mikroschliff aus einer Hartlötverbindung an Kupferrohren mit beginnender Entzinkung

38

Wenn gründliches Reinigen nach dem Löten schwierig ist, können für Lötarbeiten an Kupferstücken selbstfließende phosphorhaltige Lote benutzt werden, die sich ohne Flußmittel verarbeiten lassen. Werden silberfreie Kupfer-Phosphorlote verwendet, darf der Lötspalt nicht weiter als 0,1 mm sein, da sonst die Lötstelle spröde wird.

Erosion

Schnellströmende Flüssigkeiten oder Gase können Werkstoffoberflächen mechanisch abtragen. Gesteigert wird diese Wirkung strömender Medien durch mitgeführte feste Partikel oder bei Flüssigkeiten auch durch Gasblasen, außerdem noch durch scharfe Umlenkungen, starke Querschnittsveränderungen und Wirbelbildung. Durch reine Erosion verursachte Schäden sind in der Praxis selten. Meist wirken Erosion und Korrosion so zusammen, daß korrosionshemmende Schutzschichten erst erosiv zerstört werden, die ungeschützte Oberfläche dann zusätzlich korrodiert und der korrosiv aufgelockerte Werkstoff wiederum noch schneller mechanisch abgetragen wird (Erosionskorrosion) [5, 46]. Aber auch umgekehrt kann eine zuerst nur korrosiv aufgerauhte Oberfläche beim Fortschreiten der Korrosion in strömenden Medien Wirbel erzeugen, die dann zusätzlich erosiv wirken [46].

An den in den Bildern 58 bis 61 gezeigten Abschnitten aus beschädigten Stahlrohren eines Niederdruck-Vorwärmers waren durch mehr oder weniger starke, vor allem erosive Abtragungen die Stellen markiert, an denen die Rohre in den Lenkblechen saßen. Teilweise waren diese Stellen von außen bis zum Durchbruch ausgewaschen. Bild 58 zeigt vergrößert eine solche Stelle. Auf den Auswaschungsflächen sind dicht nebeneinander liegende kleine Krater zu erkennen, die durch im Dampfstrom mitgeführte feine Wassertropfen herausgearbeitet wurden.

Neben diesen direkt im Bereich der Ringspalte und in ihrer unmittelbaren Umgebung liegenden Abtragungen wurden auf den Rohren noch schuppige Oberflächenbeschädigungen beobachtet (Bild 59), eine ebenfalls für Erosion typische Erscheinung, die im Schrifttum häufig mit Windspuren in Sand oder Schnee verglichen wird.

Welches Erosionsbild auftritt, hängt von der Auftreffrichtung des Dampfstromes ab. Bei flachem Auftreffen ist mit schuppiger Erosion zu rechnen, wobei aus Durchbrüchen unter höherem Druck austretendes und sich mit Dampf vermischendes Kondensat beteiligt sein kann. Steiler auftreffender Dampf, z. B. aus den Ringspalten anderer Rohre, rauht die Oberfläche stärker durch Kraterbildung auf [5].

An einem weiteren Rohr wurde eine überwiegend anders geartete Beschädigung beobachtet. Wie Bild 60 zeigt, liegt hier eine Scheuerstelle vor, wie sie im Bereich der Auflagestelle im Lenkblech durch Vibrieren des Rohres entstehen kann. Die dieser Stelle gegenüberliegende Rohroberfläche zeigte Erosionsspuren, was darauf hindeutet, daß der Erosionsschaden primär durch Aufweiten der Ringspalte infolge von Rohrschwingungen begünstigt wurde.

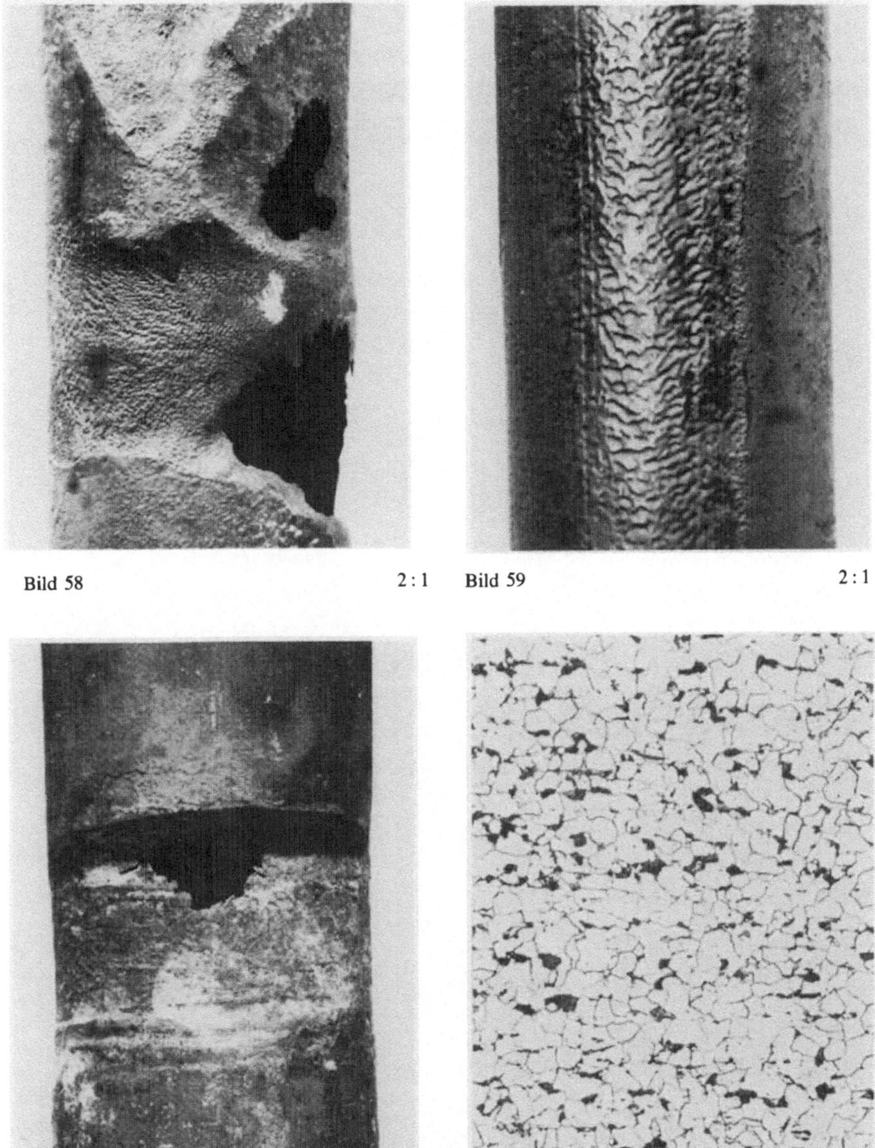

Bild 58   2 : 1   Bild 59   2 : 1

Bild 60   2 : 1   Bild 61   200 : 1

Bild 58. Im Bereich eines Ringspaltes erosiv bis zum Durchbruch ausgewaschene Stelle an einem Stahlrohr aus einem Niederdruck-Vorwärmer
Bild 59. Schuppig ausgebildete Erosionsstelle
Bild 60. Durch Rohrschwingungen im Lenkblech durchgescheuerte Stelle
Bild 61. Mikrogefüge eines mit 2%iger alkoholischer Salpetersäure geätzten Längs-schliffes aus einem der Rohre

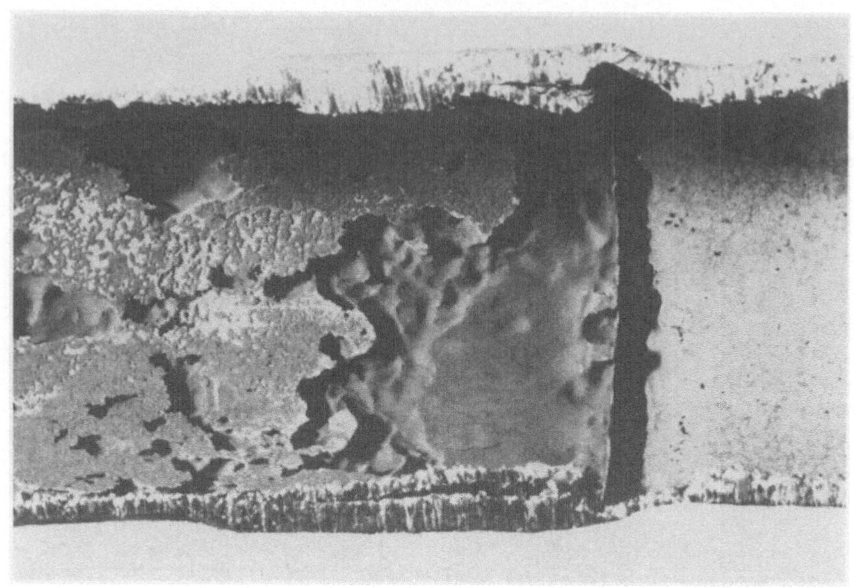

Bild 62   3 : 1

Bild 63   1,5 : 1

Bild 62. Bis zum Lochdurchbruch erosiv abgetragene Rohrwand im Bereich eines scharfen Überganges in einer Kupferrohr-Wasserleitung

Bild 63. Durch durchhängende Lötstelle verursachte Erosion in einem Kupferrohr

42

Das Mikrogefüge eines geätzten Längsschliffes aus einem der Rohre zeigt
Bild 59. Das Gefüge ist feinkörnig und entspricht dem normalgeglühten Zustand der vorliegenden Stahlqualität St 35.8 I.

Erosions-Korrosionsspuren in Kupferrohren aus Hausinstallationen zeigen
die Bilder 62 und 63. Dieses für Kupfer typische Schadensbild entsteht dadurch, daß unter ungünstigen Betriebsbedingungen, wie zu hohe Wasserge-
schwindigkeit, Wasserwirbel, aufprallende Luftblasen und in größeren
Mengen mitgeführte Fremdteilchen, die natürliche, bei Kupfer nicht sonderlich
fest haftende Deckschicht meist nur stellenweise abgelöst und fort-
geschwemmt wird. An diesen ungeschützten Flecken bilden sich dann durch
Zusammenwirken von Erosion und Korrosion Gruben, die beim Tieferwerden
zusätzliche Wirbelströme erzeugen und damit die Abtragungsgeschwindigkeit

Bild 64   1 : 1   Bild 65   1 : 2

Bild 64. Lochdurchbrüche neben Rundschweißnähten in Speisewasser-Vorwärmer-
rohren
Bild 65. Innenwandflächen der Rohre mit durchhängenden Schweißnahtwurzeln

kontinuierlich steigern, wobei auch die stehengebliebenen, noch mit Schutzschicht bedeckten Stellen seitlich unterwandert werden.

Wesentlich ist dabei die örtliche Geschwindigkeit. Deshalb sind Abgänge, scharfe Bögen, Verengungen, grobe Stufen (Bild 62) und durchhängende Lötstellen (Bild 63) besonders gefährdet. Als oberste Grenze für die Strömungsgeschwindigkeit von Wasser in Kupferrohren werden im Schrifttum für einwandfrei verlegte Leitungen und sauberes Wasser Werte bis zu 3 m/s [11] angegeben. Erfahrungen aus zahlreichen Schadensfällen haben aber gezeigt, daß ein solche Strömungsgeschwindigkeiten erlaubender Idealzustand von Leitungen und Wasserbeschaffenheit sich mit vertretbarem Aufwand in der Praxis nicht verwirklichen läßt und es angebrachter ist, einen Maximalwert von 1,5 m/s nicht zu überschreiten.

Durch Erosionskorrosion verursachte Lochdurchbrüche neben Rundschweißnähten an Stahlrohren aus einem Speisewasser-Vorwärmer zeigen die Bilder 64 und 65. Die Durchbruchstellen liegen in Strömungsrichtung gesehen alle auf den gleichen Seiten der Schweißnähte. Die metallographische Untersuchung der Rohrwerkstoffe auf beiden Seiten der Schweißnähte ließ keine Unterschiede in den Stahlqualitäten erkennen.

Beim Schweißen der unnötig dicken Rundnähte war der Rohrwerkstoff so stark erwärmt worden, daß sich während der ohne Innenschutzgas durchgeführten Schweißarbeiten auch an den Innenwänden neben den stark durchhängenden Nahtwurzeln viel lockerer Schweißzunder bilden konnte. Das durchhängende Schweißgut hat den Fluß des Speisewassers gestört und verwirbelt. Unmittelbar neben den Nahtwurzeln wurden dadurch Zunderpartikel mechanisch abgetragen und fortgespült, so daß sich zwischen den so vom Zunder befreiten Flecken und den etwas entfernteren, noch mit dem elektrochemisch edleren Zunder bedeckten Stellen Korrosionselemente aufbauen konnten, die dann im Zusammenwirken mit der Erosion an den Wirbelstellen die Rohrwände schnell bis zum Durchbruch abgetragen haben.

Karbidzonenbildung bei austenitischen Schweißen an niedriglegierten und unlegierten Stählen

Anlaß für die Untersuchungen war folgender Schadensfall: In einem Rohrleitungssystem wurden Rohre aus warmfestem Stahl 10CrMo9 10 mit austenitischen Elektroden des 18/8/2-Typs ohne Vorwärmung miteinander verschweißt. Da hierbei der Grundwerkstoff im Übergang erheblich aufgehärtet war, entschloß man sich zu einer nachträglichen induktiven Glühung bei 780 °C. Beim Abkühlen nach dem Glühen rissen mehrere Schweißnähte von der Wurzelseite aus im Übergang ein. Ein Makroschliff aus einer solchen Schadensstelle ist in Bild 66 wiedergegeben. Der Riß ging danach von einer unbedeutenden Wurzelkerbe aus, die nicht allein die Bruchursache sein konnte.

Eine anschließende mikroskopische Untersuchung zeigte, daß der Grundwerkstoff neben der Schweiße stark abgekohlt war und sich an der Grenze zwischen austenitischem Schweißgut und abgekohltem Grundwerkstoff eine schmale Karbidzone gebildet hatte (Bild 67). Der Riß folgt dieser Karbidzone (Bild 68). Die Karbidzone war offensichtlich eine schwache Stelle, die nicht in der Lage war, die hohen Spannungen aufzunehmen, die beim Erkalten derartiger Schweißverbindungen dadurch entstehen, daß austenitische Stähle und niedriglegierte Stähle unterschiedliche Ausdehnungskoeffizienten haben [38].

Das Schweißen und Glühen wurde mit den gleichen Werkstoffen als Versuch nachgeahmt. Das Ergebnis ist in den Bildern 69 bis 71 festgehalten. Bild 69 zeigt das Gefüge der aufgehärteten Übergangszone nach dem Schweißen ohne Vorwärmung. Hier wurde eine maximale Vickershärte von 360 HV1 ermittelt. Während einer einstündigen Ofenglühung bei 780 °C ist der Kohlenstoff dieser Zone zum austenitischen Schweißgut diffundiert. Dadurch stieg in der Übergangszone die Kohlenstoffkonzentration des Austenits über die Löslichkeitsgrenze [63], was zur Ausscheidung einer dichten Kette feiner Chromkarbide führte (Bild 70). Bild 71 zeigt bei starker Vergrößerung einen Ausschnitt aus einer solchen Karbidzone. Karbidzonen können auch entstehen, wenn ungeglühte Schweißverbindungen der geschilderten Art längere Zeit hohen Betriebstemperaturen ausgesetzt werden. Als Beispiel dafür zeigen die Bilder 72 bis 75 die Ergebnisse von Untersuchungen an einer Schweißnaht eines Rohrkrümmers aus 12CrMo19 5, der mit austenitischen 25/20-Chrom-Nickel-Elektroden ohne Vorwärmen geschweißt worden war und anschließend keiner Wärmebehandlung unterzogen wurde. 25/20-CrNi-Elektroden werden manchmal solchen des 18/8-Typs vorgezogen, weil sie gegen Vermischung mit dem niedriglegierten Stahl unempfindlicher sind, wobei allerdings die durch das größere Erstarrungsintervall bedingte Schrumpfrißanfälligkeit einkalku-

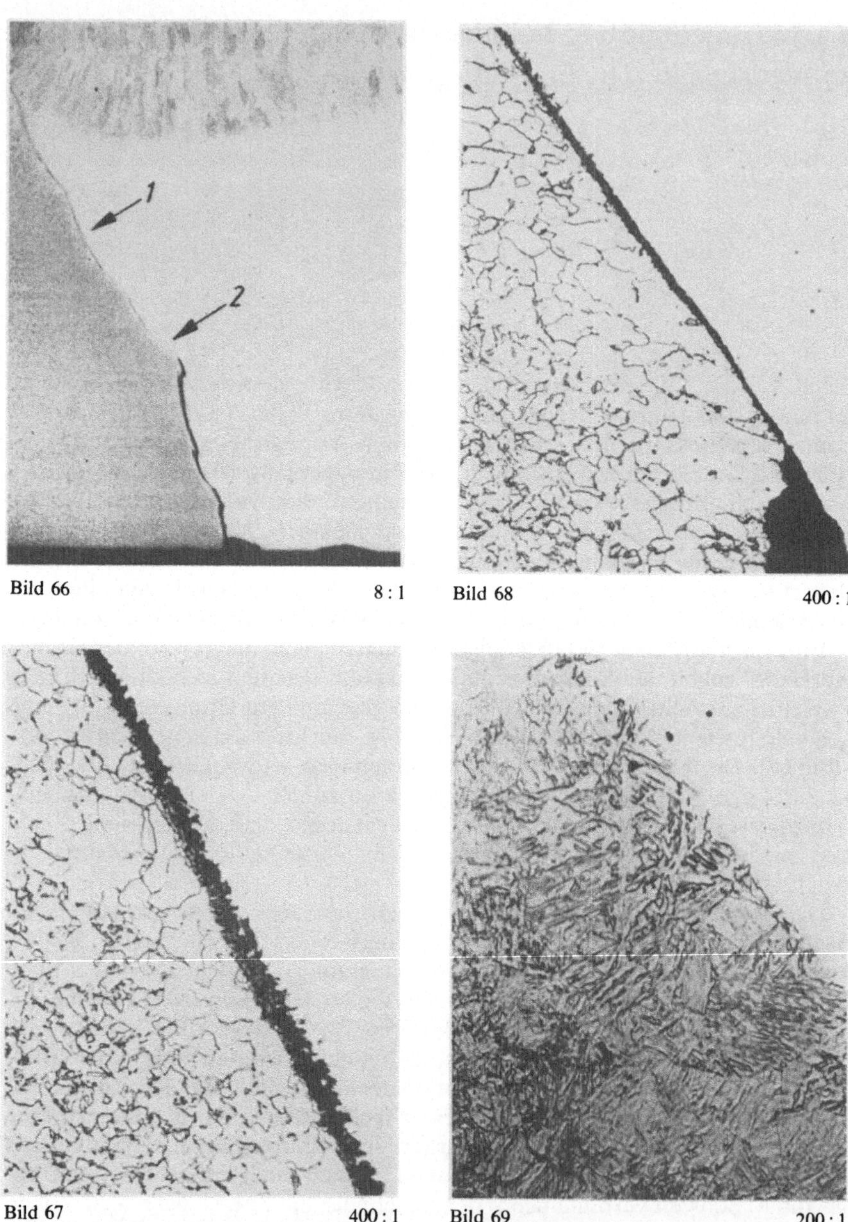

Bild 66. Probe aus einer Schweißverbindung an Rohren aus warmfestem Stahl 10CrMo9 10. Austenitische 18/8/2-Elektrode, Decklage artgleich, 1 h induktiv bei 780 °C geglüht, Schweiße im Übergang gerissen

Bild 67. Karbidzone bei der durch Pfeil 1 gekennzeichneten Stelle in Bild 66

Bild 68. Rißauslauf und Karbidzone bei der durch Pfeil 2 gekennzeichneten Stelle

Bild 69. Übergangszone einer ohne Vorwärmung durchgeführten Versuchsschweißung an Rohren aus 10CrMo9 10 mit austenitischer 18/8/2-Elektrode. Aufhärtungserscheinungen in der Übergangszone der nicht wärmebehandelten Probe

46

liert werden muß [63]. Es handelt sich hier nicht um einen Schadensfall, sondern um eine vorsorgliche Untersuchung.

An einer nach Fertigstellung der Anlage entnommenen Probe (Bild 72) wurden in der Übergangszone Vickershärten über 400 HV 10 gemessen. Trotzdem lief die Anlage bei Temperaturen um 500 °C sechs Jahre einwandfrei. Da zu befürchten war, daß sich im Laufe der Zeit durch die Betriebswärme das Gefüge der Übergangszone ungünstig verändert hat, wurden nach diesen sechs Jahren Proben entnommen. Die Härte der Übergangszone war durch die Wärmeeinwirkung zurückgegangen. Der höchste ermittelte Wert lag bei 260 HV 10. Auch hier hatten sich Karbidzonen gebildet (Bild 73). Eine so starke Abkohlung wie bei den Proben in den Bildern 67 und 70 wurde jedoch nicht beobachtet.

Bei Faltversuchen (einfache prismatische Proben, Schweißraupe abgearbeitet) riß die Wurzelfaltprobe bei Zugbeanspruchung in der Wurzel kurz nach Versuchsbeginn spröde im Übergang (Bild 74). Die Faltproben mit der Zugbeanspruchung in der Decklage erreichten höhere Biegewinkel. Auch hier lag der Riß genau im Übergang. Besonders anschaulich zeigt die Aufnahme der Bruchflächen einer Biegeprobe, wie genau der Bruch der Karbidzone folgte. Die Schweißraupen zeichnen sich deutlich im Bruchgefüge ab (Bild 73).

Um nachzuweisen, daß es sich bei den geschilderten Erscheinungen nicht etwa um eine besondere Eigenschaft der warmfesten und der druckwasserstoffbeständigen Stähle handelt, wurden Schweißversuche mit austenitischen Elektroden an Blechen 19Mn5 und St 360 durchgeführt (Bilder 76a—c und 77a—c). Die beim St 360 beobachtete abgekohlte Zone und das Auftreten vereinzelter Karbide an der Grenze zwischen Schweiße und Grundwerkstoff deuten darauf hin, daß die Kohlenstoffdiffusion hier schon während des Schweißvorganges eingesetzt hat (Bild 77b).

Die Kohlenstoffdiffusion kommt nach Baerlecken [1] dadurch zustande, daß weniger stabile Karbide abgebaut werden, um die Bildung neuer, stabilerer Karbide zu ermöglichen. Die Diffusionsneigung nimmt hierbei mit dem Legierungsgefälle zu. Dadurch läßt sich erklären, daß die Probeschweißungen an 19Mn5 und St 360 schon bei 600 °C nach kurzer Zeit unter gleichzeitiger Abkohlung des Grundwerkstoffes starke Karbidzonen zeigten (Bilder 76c und 77c).

E. Baerlecken wies bereits 1953 auf einer Hauptversammlung des Vereins der Großkesselbesitzer darauf hin, daß austenitische Schweißzusatzwerkstoffe zwar sehr gut geeignet sind für die Verbindung schwierig zu schweißender Teile aus unlegiertem oder niedriglegiertem Stahl, wenn die Schweißverbindungen nur mechanisch bei normalen oder wenig erhöhten Temperaturen beansprucht werden, daß dagegen oft Risse bei chemischem Angriff oder bei erhöhter Temperatur auftreten [1]. Dabei wurde nicht nur auf Karbidzonen hingewiesen, sondern aufgrund umfangreicher Versuche konnte der Vortragende schon damals ausführliche Aussagen machen über den starken Abfall der Kalt- und Warmfestigkeit in der abgekohlten Zone und über die erhöhte Empfindlichkeit dieser Zone gegen Spannungsrißkorrosion.

Erdmann-Jesnitzer, Beckert und Schmiedel stellten 1957 fest, daß Schweißverbindungen zwischen niedriglegierten und austenitischen Stählen auf die Dauer nicht beständig sind, wenn nicht Vorsorge gegen die Karbidzonenbildung getroffen wird. Die Verfasser beschäftigten sich in ihrer Arbeit [20] vor

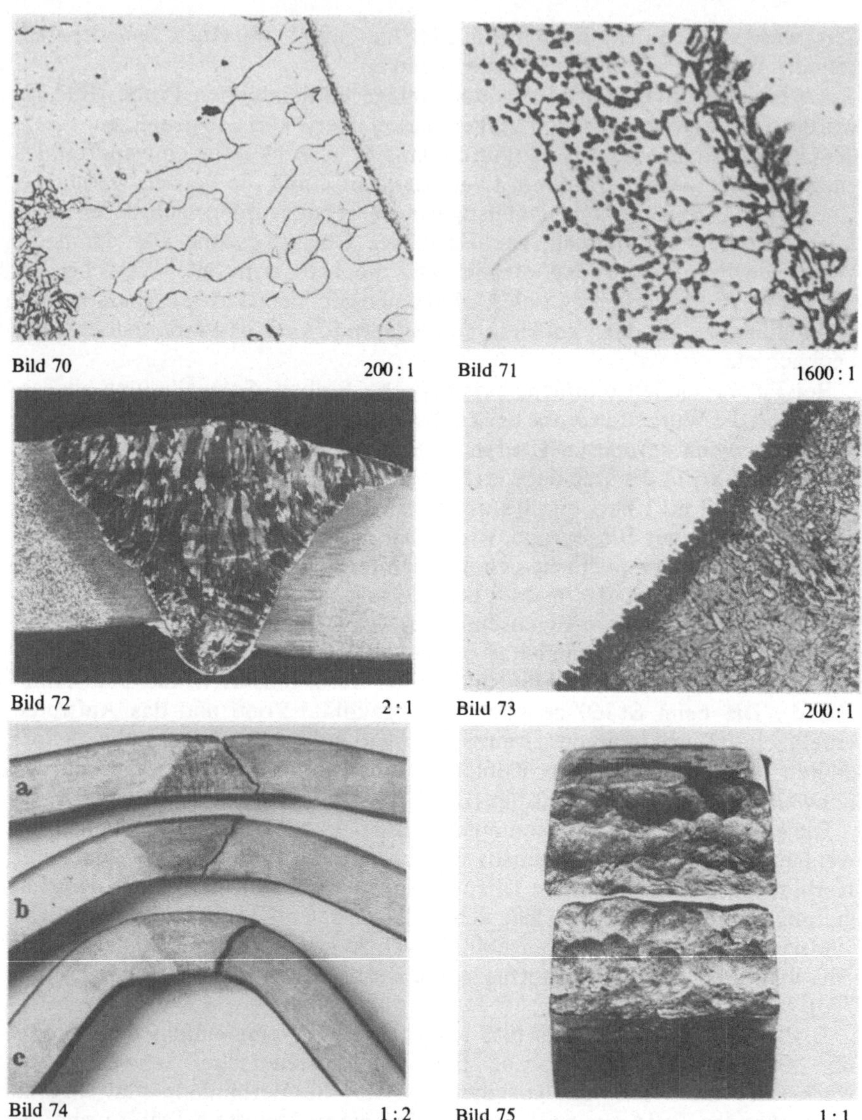

Bild 70   200 : 1   Bild 71   1600 : 1

Bild 72   2 : 1   Bild 73   200 : 1

Bild 74   1 : 2   Bild 75   1 : 1

Bild 70. Abgekohlte Übergangszone der in Bild 69 gezeigten Probeschweißung nach 1 h Glühen bei 780 °C. An der Grenze zwischen abgekohltem Rohrwerkstoff und Schweißgut haben sich Karbide gebildet

Bild 71. Karbidzone bei starker Vergrößerung

Bild 72. Makroschliff aus der Schweißnaht eines ohne Vorwärmung mit einer austenitischen 25/20-Elektrode geschweißten und nach dem Schweißen nicht geglühten Rohrkrümmers aus 12CrMo19 5. Der Krümmer war sechs Jahre Betriebstemperaturen um 500 °C ausgesetzt

Bild 73. Mikroschliff aus der Übergangszone der Schweißnaht in Bild 72

Bild 74. Biegeproben aus der Schweißverbindung in Bild 72. a) Zugbeanspruchung in der Wurzel; b und c) Zugbeanspruchung in der Decklage

Bild 75. Bruchgefüge der Wurzelfaltprobe

48

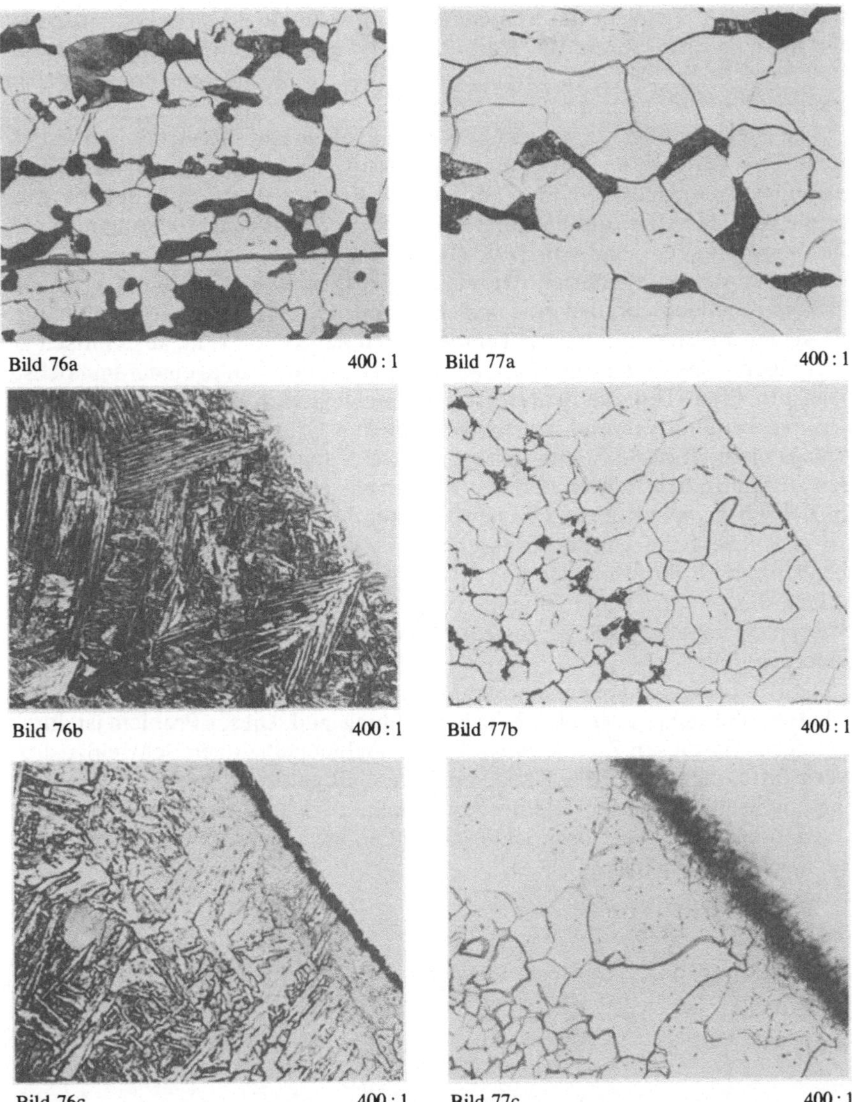

Bild 76a 400:1	Bild 77a 400:1		
Bild 76b 400:1	Bild 77b 400:1		
Bild 76c 400:1	Bild 77c 400:1		

Bild 76a–c. Probeschweißung an einem Stahlblech 19Mn5 mit austenitischer 19/9-Elektrode. **a** Mikrogefüge des unbeeinflußten Blechwerkstoffes. **b** Mikrogefüge der Übergangszone nach dem Schweißen ohne Vorwärmen. **c** Mikrogefüge der Übergangszone nach 1 h Glühen bei 600 °C mit anschließender Ofenabkühlung

Bild 77a–c. Probeschweißung an einem Stahlblech St360 mit austenitischer 19/9-Elektrode. **a** Mikrogefüge des unbeeinflußten Blechwerkstoffes. **b** Mikrogefüge der Übergangszone nach dem Schweißen ohne Vorwärmen. **c** Mikrogefüge der Übergangszone nach 1 h Glühen bei 600 °C mit anschließender Ofenabkühlung

allem mit dem Problem der Spannungsrißkorrosion in der abgekohlten Zone, das dann auftritt, wenn zur Karbidzonenbildung neigende Schweißverbindungen nicht nur erhöhten Temperaturen ausgesetzt sind, sondern zusätzlich noch naßkorrosiv beansprucht werden.

Besonders gründlich hat sich Class 1959 in einer umfangreichen Veröffentlichung mit den Problemen der nicht lösbaren Verbindungen von niedriglegierten mit austenitischen Stählen befaßt [10]. Er wies dabei auch auf die Rißanfälligkeit der abgekohlten Zone bei Dauerwechselbeanspruchung hin, was durch spätere Versuche von Şefic Güleç bestätigt wurde [63].

Schäden der geschilderten Art treten bei artgleicher Schweißung nicht auf. Es kommt jedoch vor, daß es sich nicht vermeiden läßt, niedriglegierte Stähle, die später im Betrieb höheren Temperaturen ausgesetzt sind, austenitisch zu schweißen. Dies ist z. B. der Fall, wenn bei Dampfkraftanlagen nur im höchstbeanspruchten Teil die warmfesteren hochlegierten Chrom-Nickel-Stähle benutzt werden, während aus wirtschaftlichen Gründen im übrigen Teil der Anlage niedriglegierte Stähle ausreichen. Die Schweißverbindungen zwischen den austenitischen Rohren und den Rohren aus niedriglegiertem Stahl können im Betrieb Temperaturen zwischen 500 und 600 °C ausgesetzt sein.

Für solche Fälle wurde vorgeschlagen, Zwischenstücke (Binder) zu verwenden, wie Rohrabschnitte aus niedriglegiertem Stahl, dessen Kohlenstoff jedoch durch Niob stabil gebunden ist, oder auch hochnickelhaltige Binder oder pulvermetallurgisch hergestellte Binder mit kontinuierlicher Legierungsänderung [69].

Die Bestrebungen gehen aber dahin, unmittelbare Schweißverbindungen zu schaffen, die sicher gegen Karbidzonenbildung sind. Dieses Problem ist durch die eigens für diesen Zweck entwickelten hochnickelhaltigen Schweißzusatzwerkstoffe, die bis zu 70 % Nickel enthalten, als gelöst anzusehen [10, 20, 30]. Das Schweißgut dieser Elektroden zeichnet sich durch Warmfestigkeit, Oxydations- und Thermoschockbeständigkeit aus und verhindert weitgehend die Kohlenstoffdiffusion.

Kornzerfall an austenitischen Chrom-Nickel-Stählen

Die nichtrostenden austenitischen Stähle enthalten im allgemeinen als Haupt-legierungsbestandteile 16 bis 26% Chrom und 7 bis 26% Nickel [59]. Die gebräuchlichsten Sorten liegen nach DIN 17440 bei Chromgehalten zwischen 16,5 und 20% und Nickelgehalten zwischen 8 und 17%. Bei diesen Legierungs-kombinationen wird durch den Nickelgehalt der Punkt A_3 zu so tiefen Tem-peraturen verschoben, daß das γ-Gebiet praktisch nach unten offen ist und die γ-α-Umwandlung nicht ablaufen kann. Diese Stähle sind deshalb unabhängig von der Abkühlungsgeschwindigkeit auch bei Raumtemperatur austenitisch.

Der Chromgehalt stellt die Korrosionsbeständigkeit sicher. Chrom ist un-edler als Eisen und verbindet sich in den äußersten Atomschichten der Stahl-oberfläche an Luft oder in anderen oxydierenden Medien mit Sauerstoff zu einem für das Auge unsichtbaren, zusammenhängenden Oxidfilm, der den darunterliegenden Stahl vor weiterem Angriff schützt (passiviert). Einwand-freie Passivschichten bilden sich nur auf sauberen und glatten Oberflächen. Der Oxidfilm erneuert sich nach Beschädigung von selbst.

Nickel erhöht die Widerstandsfähigkeit der austenitischen Stähle gegen nicht oxydierende Medien, wie Schwefelsäure, schweflige Säure, Phos-phorsäure, Salzsäure und organische Säuren. Durch Zusätze von bis zu 5% Molybdän, bei den gebräuchlichsten Sorten 2 bis 3%, kann die Widerstands-fähigkeit gegen diese Medien noch gesteigert werden. Außerdem verringert Molybdän die Anfälligkeit der austenitischen Stähle gegen Lochfraß in Meer-wasser und anderen Chloridlösungen [59]. Da Molybdän das γ-Gebiet einengt, muß molybdänhaltigen Chrom-Nickel-Stählen mehr Nickel zugesetzt werden, wenn sich mit Sicherheit voll austenitisches Gefüge einstellen soll.

Das austenitische Gefüge ist unmagnetisch, weich, dehnbar und auch bei tiefen Temperaturen noch sehr zäh. Da die austenitischen Stähle keine γ-α-Umwandlung durchlaufen, härten sie beim Schweißen nicht auf. Auch die Gefahr, daß der Stahl grobkörnig oder spröde wird, ist gering. Wegen ihrer niedrigen Streckgrenze sind diese Stähle gut kaltumformbar und lassen sich dabei erheblich verfestigen. Beim Schweißen ist zu beachten, daß die Wär-meausdehnung der austenitischen Stähle gegenüber den unlegierten und niedriglegierten Stahlsorten um die Hälfte größer und die Wärmeleitfähigkeit um zwei Drittel kleiner ist, was beim Schweißen schmälere Erhitzungszonen und schnelleres Erwärmen und Abkühlen bedingt, wodurch die Gefahr von Schrumpfspannungen und Verzug größer wird.

Homogenes austenitisches Gefüge mit den besten Werkstoffeigenschaften erhält man bei den austenitischen Chrom-Nickel-Stählen durch Lösungsglühen

bei 1 050 bis 1 100 °C und anschließendes rasches Abkühlen an Luft oder bei
großen Stücken besser in Wasser. Bei diesen hohen Temperaturen können die
Austenitkörner zehnmal mehr Kohlenstoff (etwa 0,26 %) [51] aufnehmen als
bei Raumtemperatur (0,02 %). Beim schnellen Abkühlen wird der gelöste
Kohlenstoff in übersättigter Zwangslösung festgehalten.

Erwärmt man einen homogenisierten austenitischen Stahl auf Temperaturen
zwischen etwa 450 und 850 °C [46], so verläßt der übersättigt gelöste Kohlenstoff die Zwangslösung und bildet hochchromhaltige Karbide. Diese
Karbide scheiden sich bevorzugt an Korngrenzen, aber auch an Zwillingsebe-
nen aus, wo das gestörte Gitter Ausscheidungsvorgänge begünstigt. Die Grundmasse in der Umgebung der Korngrenzen kann dabei so weit an Chrom ver-
armen, daß in mikroskopisch schmalen Korngrenzenbereichen die Passivität
des Stahles verlorengeht. Aggressive Medien, die mit einem durch „Chromverarmung" anfällig (sensibel) gewordenen nichtrostenden Stahl in Berührung
kommen, fressen sich an den Grenzschichten (interkristallin) in den Stahl
hinein und zerstören den Zusammenhalt der Körner.

Beim Schweißen treten in den Wärmeeinflußzonen parallel und in bestimm-
ten Abständen zur Schweißnaht zwangsläufig Sensibilisierungstemperaturen
auf. Bei den austenitischen Stählen können sich deshalb in diesen Bereichen
chromreiche Karbide an den Korngrenzen ausscheiden und damit zu korn-
zerfallsanfälligen (sensibilisierten) Zonen führen. Besonders anfällig ist der
Stahl im Temperaturbereich zwischen etwa 600 und 700 °C.

Bild 78 gibt die Innenwandseite einer Probe aus dem Schweißnahtbereich
eines Behälters aus dem an sich nicht für geschweißte Bauteile entwickelten
austenitischen Stahl X12CrNi17 7 wieder, der während der Schweißarbeiten
in den kritisch erwärmten Bereichen kornzerfallsanfällig geworden war. Das
aufbewahrte aggressive Medium hat die sensibilisierten Zonen zu beiden
Seiten der überschliffenen Schweißnaht angefressen. Bild 79 zeigt an einem
Makroquerschliff einen Teil der Schweißnaht und eine der angefressenen
Zonen. Auf dem vom ungeätzten Mikroschliff aufgenommenen Bild 80 aus der
zerstörten Zone ist die interkristalline Auflockerung des Werkstoffes zu erkennen. Die bei starken Vergrößerungen im noch nicht angefressenen Bereich
unterhalb der Korrosionsstelle vom schwach geätzten Mikroschliff angefer-
tigten lichtmikroskopischen und elektronenmikroskopischen Aufnahmen
Bilder 81 und 82 zeigen deutlich die an den Korngrenzen ausgeschiedenen
Karbide.

Mit folgenden Maßnahmen kann der Kornzerfall bekämpft werden:

Lösungsglühen der Bauteile nach dem Schweißen bei 1 050 bis 1 100 °C und
anschließendes schnelles Abkühlen durch den Temperaturbereich der Chrom-
karbidbildung. Wegen der Verzugsgefahr und der Größe der Bauteile ist dieses
Verfahren nur begrenzt anwendbar und außerdem nur dann wirksam, wenn der
Stahl nach den Schweißarbeiten noch keinem Angriffsmittel ausgesetzt war
und im Betrieb oder auch bei Reparaturarbeiten nicht wieder kritische
Temperaturen auftreten.

Stabilisierungsglühen der geschweißten Bauteile bei 700 bis 800 °C. Wenn lange
genug geglüht wird, bis zu 24 h, verbraucht sich der Kohlenstoff bei der
Karbidbildung, und das diffusionsträgere Chrom wandert allmählich in die

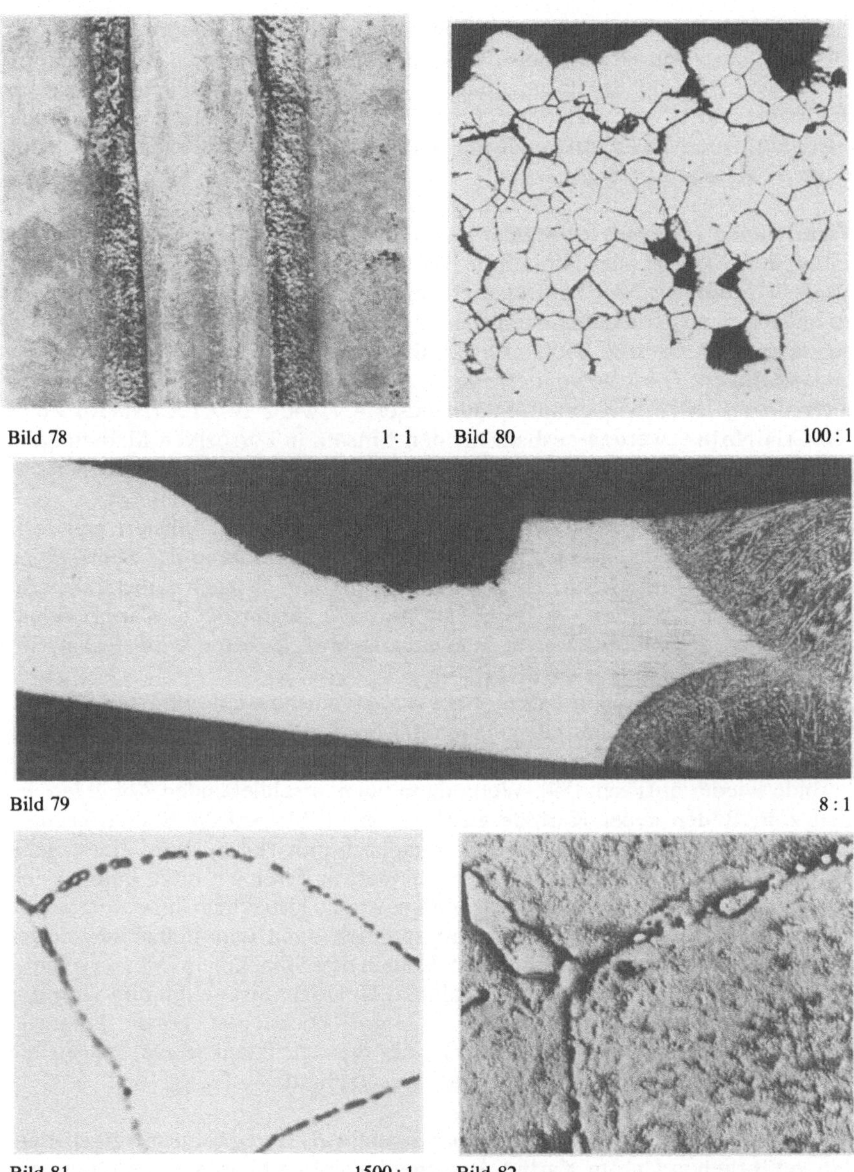

Bild 78   1 : 1   Bild 80   100 : 1

Bild 79   8 : 1

Bild 81   1500 : 1   Bild 82

Bild 78. In den sensibilisierten Bereichen zu beiden Seiten einer überschliffenen Schweißnaht korrodierte Innenwand eines Behälters aus austenitischem Stahl X12CrNi 17 7

Bild 79. Makroschliff mit einem Teil der Schweißnaht und einer der angefressenen Zonen. (Ätzmittel: V2A-Beize)

Bild 80. Ungeätzter Mikroschliff aus einer der angefressenen Zonen

Bilder 81 und 82. Bei starken Vergrößerungen im noch nicht angefressenen Bereich einer der sensibilisierten Zonen angefertigte lichtmikroskopische (Bild 81) und elektronenmikroskopische (Bild 82) Aufnahmen der an den Korngrenzen ausgeschiedenen hochchromhaltigen Karbide. (Der Schliff wurde nur schwach mit V2A-Beize geätzt)

53

chromverarmten Korngrenzenbereiche nach [59], die dadurch wieder zur Passivierung fähig werden. Voraussetzung für das Gelingen dieses Verfahrens ist ein genügend hoher Chromgehalt, der auch nach dem völligen Verbrauch des Kohlenstoffs für die Bildung chromreicher Karbide noch zur Passivierung ausreicht. Auch dieser aufwendigen Methode sind durch Form und Größe der Bauteile Grenzen gesetzt.

Verarbeitung stabilisierter Stähle. Durch Zusetzen von „Stabilisatoren" wie Titan (min. 5x % C) oder Niob (min. 8x % C), die bereitwilliger Karbide bilden als das Chrom, wird der bei Gehalten um 0,1 % liegende Kohlenstoffanteil der stabilisierten austenitischen Stähle unter den meisten Abkühlungsbedingungen zu stabilen Titan- bzw. Niobkarbiden abgebunden, bevor sich Chromkarbide bilden können. Diese gewollt erzeugten Karbide lösen sich erst bei Temperaturen über 1 300 °C wieder auf. Stähle dieser Art, wie z. B. X10CrNiTi18 9 und X10CrNiNb18 9 werden deshalb für den Einsatz in korrosiven Medien dann benutzt, wenn geschweißte Konstruktionen nicht mehr wärmebehandelt werden können.

Umhüllte Schweißzusatzwerkstoffe werden nur niobstabilisiert geliefert, weil Titan im Lichtbogen verdampft und zum Teil während des Schweißens oxydiert wird. Unter Schutzgas können sowohl titan- als auch niobstabilisierte Drähte benutzt werden. Zu hohe Niobgehalte begünstigen Warmrisse im Schweißgut. Der Niobgehalt in Schweißzusatzwerkstoffen wird deshalb im allgemeinen auf 1 % begrenzt [66].

Wenn beim Schweißen dicker Teile aus stabilisierten nichtrostenden austenitischen Stählen unmittelbar neben der Schweißnaht längere Zeit Temperaturen über 1 300 °C herrschen, können sich hier die Titan- bzw. die Niobkarbide wieder auflösen [59]. Wenn dann beim anschließenden Abkühlen die Zeit zum Bilden neuer Karbide nicht ausreicht, bleiben die Stabilisierungselemente im Austenit gelöst und sind dadurch unwirksam. Wird eine solche Schweißverbindung in den kritischen Temperaturbereich erhitzt, können sich in dieser Zone Chromkarbide ausscheiden, was zu kritischer Chromverarmung führen kann. Aggressive Medien fressen sich dann unmittelbar neben der Schmelzlinie in einer messerscharfen Zone in den Stahl hinein (Messerschnitt-Angriff). Diese Form der interkristallinen Korrosion ist selten und wird nur bei besonders schwerem chemischem Angriff beobachtet. Da die Lösungstemperatur der Niobkarbide höher ist als die der Titankarbide, neigen die niobstabilisierten Sorten weniger zur Messerschnitt-Korrosion [66].

Verwendung austenitischer Stähle mit besonders niedrigen Kohlenstoffgehalten. Mit gefährlichen Chrom-Karbid-Ausscheidungen ist beim Schweißen dünner Teile bis etwa 6 mm Wanddicke und bei kurzen Schweißzeiten (Widerstands-, Punkt-, Schutzgasschweißen) dann nicht zu rechnen, wenn der Kohlenstoffgehalt unstabilisierter austenitischer Stähle 0,07 % nicht übersteigt, wie z. B. bei dem LC-(Low Carbon)-Stahl X5CrNi18 9.

Bei Bauteilen mit größeren Wanddicken, die beim Schweißen den kritischen Temperaturen länger ausgesetzt sind, bei Schweißverfahren mit längeren Schweißzeiten (Unter-Pulver-Schweißen, Gasschweißen) und bei besonders starker Korrosionsbeanspruchung soll der Kohlenstoffgehalt unstabilisierter Stähle höchstens 0,03 % betragen, wie z. B. bei dem ELC-(Extra Low Car-

Bild 83   150 : 1

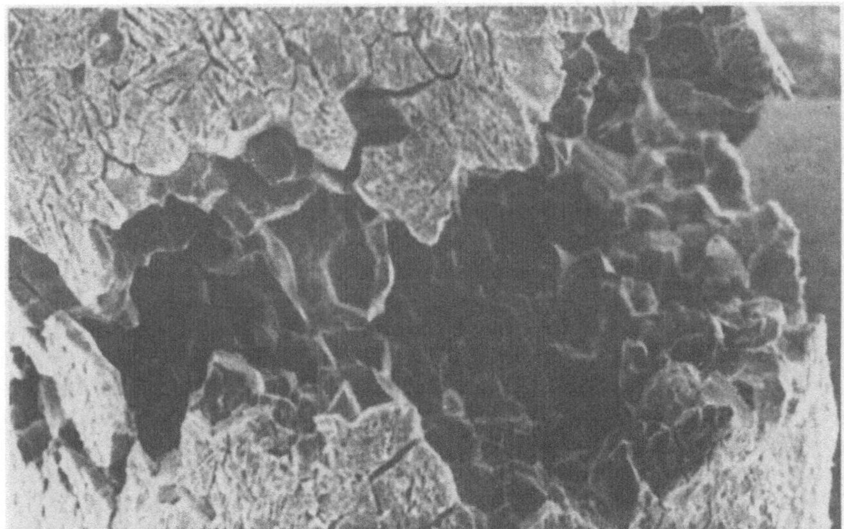

Bild 84   600 : 1

Bild 83. REM-Aufnahme von Bruchstücken aus einem Drahtgewebe aus austenitischem LC-Stahl mit 0,06 % Kohlenstoff, das beim Kornzerfallstest interkristallin zerstört wurde

Bild 84. Die bei stärkerer Vergrößerung von einer Knickstelle angefertigte rasterelektronenmikroskopische Aufnahme läßt deutlich den interkristallinen Charakter der Zerstörung erkennen

bon)-Stahl X2CrNi18 9. Da aber auch ELC-Stähle bei Dauertemperaturbeanspruchung im Sensibilisierungsbereich nicht völlig kornzerfallssicher sind, dürfen diese Sorten nur bis 400 °C Betriebstemperatur eingesetzt werden [66].

Beim Verarbeiten von LC-Stählen muß man sich darüber klar sein, daß die Widerstandsfähigkeit dieser Stahlqualitäten gegen Sensibilisierung und damit gegen Kornzerfall bei den innerhalb der Analysengrenzen von 0,04 und 0,07 % liegenden Kohlenstoffgehalten sehr verschieden sind. Die Bilder 83 und 84 zeigen als Beispiel Ausschnitte aus einem Gewebe aus austenitischen Stahldrähten, die beim Kornzerfallstest interkristallin zerstört wurden. Bei diesem Test wurden Proben aus zwei Drahtgeweben aus LC-Stählen mit 0,06 und 0,04 % Kohlenstoff nach $^1/_4$ h sensibilisierenden Glühen bei 700 °C 15 h in Straußscher Lösung gekocht. Das Drahtgewebe mit 0,06 % Kohlenstoff, von dem die Rasteraufnahmen angefertigt wurden, hat dabei völlig versagt, während die Drähte mit dem an der unteren Grenze liegenden Kohlenstoffgehalt den Kochtest noch unbeschädigt überstanden haben.

Schadensfälle haben gezeigt, daß auch dünnwandige und mit schnellen Verfahren geschweißte Bauteile aus LC-Stählen mit Kohlenstoffgehalten an der oberen Analysengrenze an solchen Stellen interkristallin angegriffen wurden, an denen durch Schwierigkeiten bei den Schweißarbeiten, z. B. an Ecken, die Schweißwärme länger eingewirkt hat.

Bei Lochfraßangriff wird in sensibilisierten Bereichen austenitischer Stähle manchmal eine auf die Lochfraßstellen begrenzte, „modifizierte interkristalline Korrosion" [31] beobachtet, wie an dem in den Bildern 85 und 86 gezeigten Beispiel. Hier war durch Ablagerungen (Belüftungselemente) begünstigt an der Innenwand eines Behälters aus dem molybdänfreien LC-Stahl X5CrNi18 9 Lochfraß aufgetreten. Der 0,066 % Kohlenstoff enthaltende Stahl war beim Schweißen im kritischen Abstand nur leicht sensibilisiert worden. Die Sensibilisierung reichte nicht aus, um einen allgemeinen Korngrenzenangriff in diesem Bereich zu bewirken. Die Tatsache ist jedoch interessant, daß außerhalb der Sensibilisierungszone nur reiner Lochfraß auftrat, während bei den im kritischen Abstand von der Schweißnaht liegenden Lochfraßstellen (Bild 85) die Korrosion in den Löchern an den Korngrenzen vorausgeeilt war (Bild 86).

Ein weiteres Beispiel für falsche Behandlung eines LC-Stahles zeigen die Bilder 87 und 88. Hier wurde ein 20 mm dickes Blechstück aus X5CrNi18 9 zum Abbau fertigungsbedingter Spannungen bei 800 °C 1 h geglüht und anschließend mit einer für austenitische Chrom-Nickel-Stähle üblichen Salpetersäure-Flußsäure-Beize gereinigt. Von der nach dem Beizen ungewöhnlich stark aufgerauhten Oberfläche ließ sich mit den Fingern Metallstaub abreiben. Wie auf der vom ungeätzten Mikroschliff angefertigten Aufnahme Bild 87 zu erkennen ist, wurden die Oberflächenbereiche des Bleches beim Beizen durch Kornzerfall aufgelockert. Der Zusammenhalt des Gefüges war interkristallin so stark gestört, daß zahlreiche Körner bei der Anfertigung des Mikroschliffes herausfielen. Die Aufnahme von der Blechoberfläche (Bild 88) läßt deutlich die nach Korngrenzen orientierte Struktur erkennen.

Sowohl austenitische Stähle mit stark gedrücktem Kohlenstoffgehalt als auch stabilisierte nichtrostende Stähle können kornzerfallsanfällig werden, wenn sie bei der Verarbeitung z. B. durch Gasschweißen mit Azetylenüberschuß oder im Betrieb durch kohlenstoffhaltige Medien bei höheren Temperaturen Gelegenheit haben Kohlenstoff aufzunehmen.

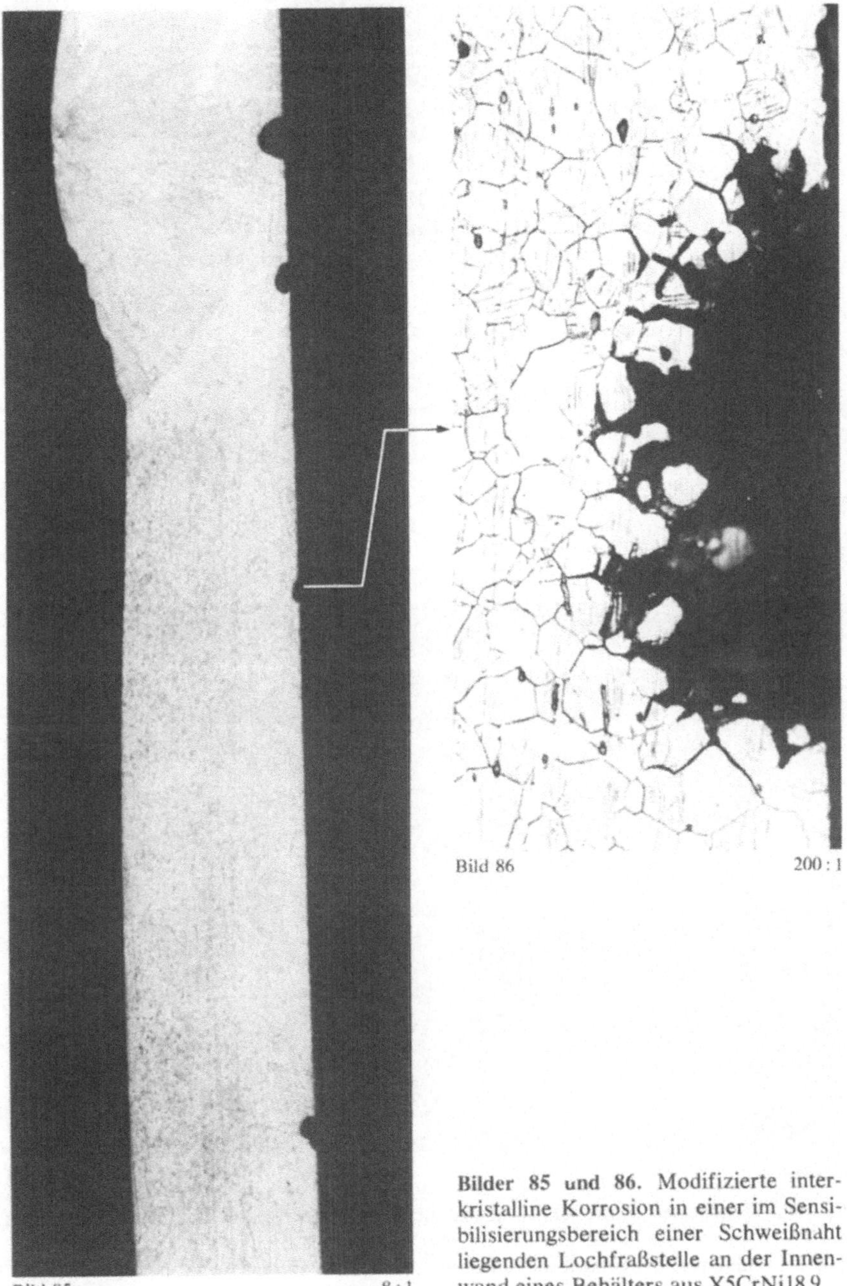

Bild 86   200 : 1

Bild 85   8 : 1

Bilder 85 und 86. Modifizierte interkristalline Korrosion in einer im Sensibilisierungsbereich einer Schweißnaht liegenden Lochfraßstelle an der Innenwand eines Behälters aus X5CrNi18 9

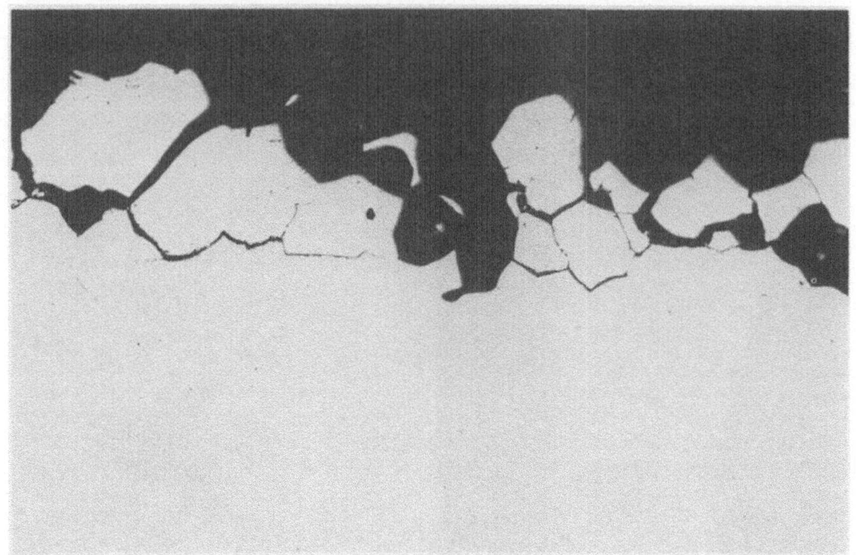

Bild 87   200 : 1

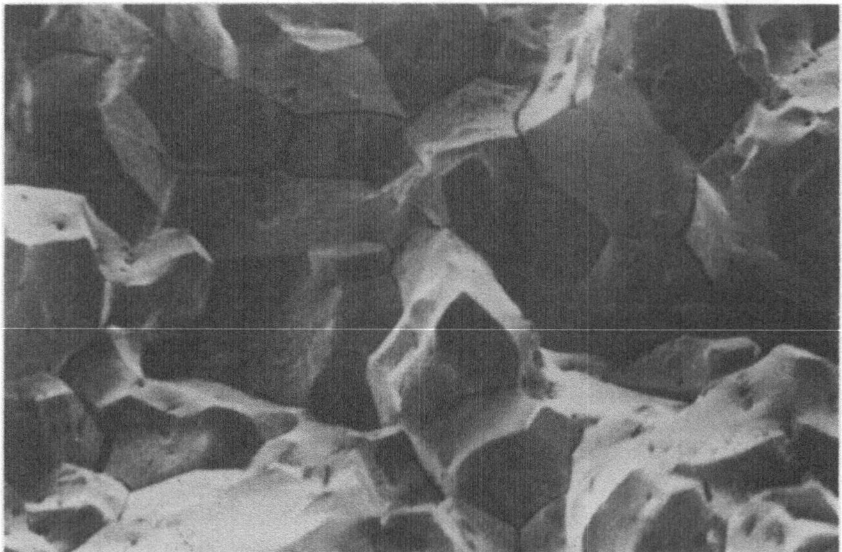

Bild 88   400 : 1

Bild 87. Ungeätzter Mikroschliff durch die beim Beizen nach Spannungsarmglühen bei 800 °C interkristallin aufgelockerte Oberfläche eines Bleches aus X5CrNi18 9
Bild 88. Rasterelektronenmikroskopische Aufnahme von der Blechoberfläche

58

Wann kohlenstoffarme und wann stabilisierte austenitische Stähle benutzt werden, hängt von der späteren Verwendung der Bauteile ab. Stähle mit gedrücktem Kohlenstoffgehalt sind im allgemeinen wegen ihres homogeneren Gefüges etwas korrosionsbeständiger als die stabilisierten Sorten. Da sie keine Karbide und auch weniger oxydische Einschlüsse aufweisen, haben sie eine bessere Oberfläche und lassen sich gut polieren. In Konstruktionen mit erhöhten Drücken und Temperaturen sind die stabilisierten Stähle durch bessere Festigkeitseigenschaften und größere Widerstandsfähigkeit gegen Sensibilisierung den LC- und ELC-Stählen überlegen.

Lötbrüchigkeit

Stahl kann interkristallin zerstört werden, wenn er beim Hartlöten unter äußeren oder inneren Zugspannungen steht. Beim Hartlöten bildet das meist aus Kupferlegierungen bestehende Lot zuerst im Bruchteil einer Sekunde mit dem Grundmetall eine Legierungsschicht, die nur wenige Elementarzellen dick ist. Sofort nach dieser Legierungsbildung beginnen Bestandteile des Lotes und des Grundwerkstoffes ineinander zu diffundieren [58]. Wenn in diesem Augenblick die Lötstelle auf Zug beansprucht wird, schreitet die Diffusion nicht an der ganzen Oberfläche gleichmäßig voran, sondern das flüssige Lot dringt stellenweise an den Korngrenzen entlang (interkristallin) in den Stahl ein. Da flüssiges Metall keine Zugspannungen übertragen kann, reißt der Stahl im Bereich der von flüssigem Lot umhüllten Körner auseinander. Dieser Vorgang kann als Sonderfall der Spannungsrißkorrosion angesehen werden, wobei das flüssige Metall an die Stelle des korrosiven Mediums tritt [25].

Lötbrüchigkeit tritt nicht nur beim Löten auf, sondern kann immer dann beobachtet werden, wenn flüssiges Metall mit hoch erhitztem Stahl in Berührung kommt, der nicht frei von Zugspannungen ist. Es ist in der Praxis nur wenig bekannt, daß hierfür außerordentlich geringe Metallmengen ausreichen. So kann beispielsweise Abrieb, der beim Reinigen mit Messing- oder Bronzedrahtbürsten an Stahlteilen haften bleibt, Lötbrüchigkeit auslösen, wenn diese Teile warm verformt oder bei Schweißarbeiten erhitzt werden.

Hierher gehört auch die „Rotbrüchigkeit", die bei der Warmformgebung an der Oberfläche kupferhaltiger Stähle auftreten kann. Beim Anwärmen vor der Warmformgebung verzundern die Außenzonen des Stahles, und das weniger leicht oxydierende Kupfer reichert sich an der Oberfläche an. Wenn bei der Warmformgebung oder auch bei späterem Schweißen an den kupferhaltigen Oberflächen Zugspannungen auftreten, kann flüssiges Kupfer in die Korngrenzen eindringen, was dann zum interkristallinen Aufreißen der Stahloberfläche führt [47]. Solche Oberflächenrisse sind ungefährlich, solange sie nur an der äußersten Oberfläche auftreten und sich leicht wegschleifen lassen [36].

Durch einen Nickelzusatz in etwa doppelter Menge des Kupfergehaltes kann die Rotbruchneigung kupferhaltiger Stähle vermindert werden. Es reichert sich dann bei der Oberflächenoxydation neben Kupfer auch Nickel an der Oberfläche an, das sich mit Kupfer legiert. Die Kupfer-Nickel-Legierung dringt wegen ihres höheren Schmelzpunktes nicht so leicht in die Korngrenzen ein [36].

Bei der metallographischen Untersuchung von Proben aus der Rohrschlangenfertigung für einen Überhitzer wurden an den inneren Rohrwänden Nester

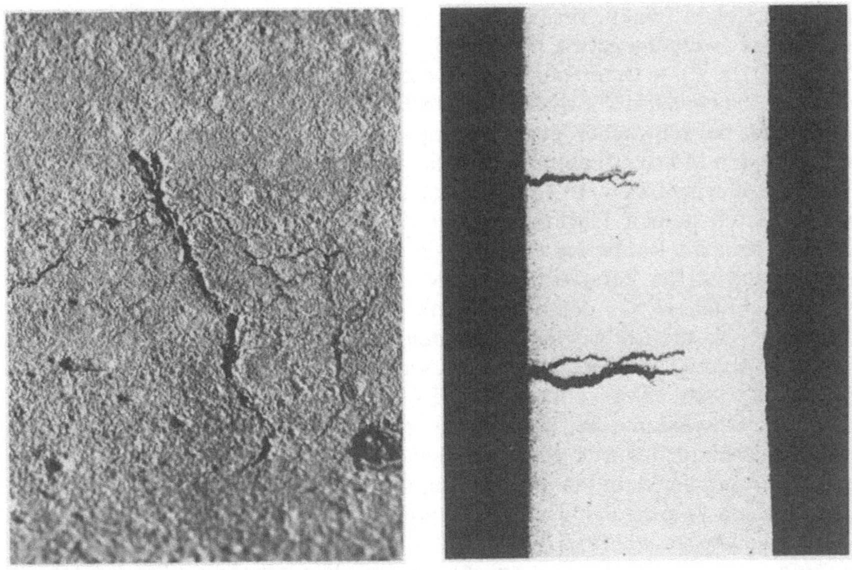

Bild 89   4 : 1   Bild 90   10 : 1

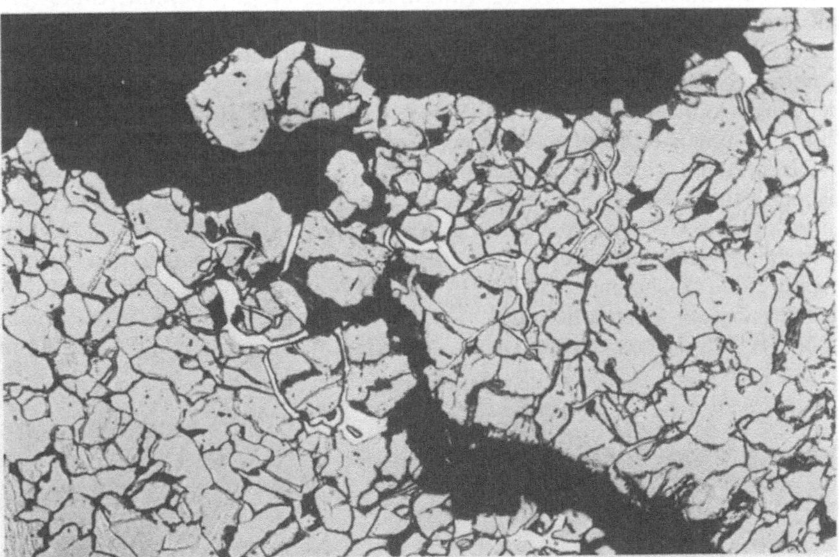

Bild 91   400 : 1

Bild 89. Makroaufnahme einer rissigen Stelle an der Innenwand einer Rohrschlange aus St 35.8 II

Bild 90. Ungeätzter Schliff durch zwei der in Bild 89 gezeigten Risse

Bild 91. Buntmetall an den Korngrenzen des Rohrstahles. Um das eingedrungene Buntmetall besser sichtbar zu machen, wurde das Stahlgefüge mit 4%iger alkoholischer Salpetersäure etwas überätzt

aus zahlreichen feinen, verästelten Rissen festgestellt. Eine solche Stelle ist in Bild 89 wiedergegeben. Verarbeitet wurden Stahlrohre der Qualität St 35.8 II. Die Risse traten nur an Stellen auf, die bei der Fertigung hoch erhitzt und auf Zug beansprucht wurden. Bild 90 zeigt einen ungeätzten Schliff durch zwei Risse bei schwacher Vergrößerung. Aus der bei stärkerer Vergrößerung angefertigten Mikroaufnahme Bild 91 ist zu ersehen, daß in der Nachbarschaft der Risse Korngrenzen mit Buntmetall angefüllt sind. Nach der im Mikroskop beobachteten gelben Färbung wurde Messing vermutet. Nachforschungen ergaben, daß die Rohre vor dem Biegen mit Sand gefüllt wurden, der vorher als Füllsand bei der Verarbeitung von Messingrohren benutzt worden war. Der mit dem Füllsand aus den Messingrohren in die Stahlrohre gelangte Messingabrieb hat die Lötbrüchigkeit ausgelöst.

Der in Bild 92 wiedergegebene Makroschliff wurde einem rissigen Kesselrohr aus Stahl 15Mo3 entnommen. Es handelt sich um eine Probe aus einer Reparaturschweißung, bei der ein neues Rohr (links) mit einem alten Rohr (rechts) verbunden wurde. Risse wurden nur im alten Rohr im Wärmeeinflußgebiet der Schweißnaht beobachtet. Ein rötlicher Belag an der Innenwand des alten Rohres konnte chemisch als Kupfer identifiziert werden. Kupfer kann von Kesselwasser während des Kreislaufs bei Gegenwart von Sauerstoff und Kohlensäure oder Ammoniak aus Armaturen, Verdampfern, Kondensatoren und Vorwärmern herausgelöst und in den Kessel eingeschleppt werden [64]. Ein Mikroschliff zeigte, von der Rohrinnenwand ausgehend, mit Kupfer angefüllte Korngrenzen. Aus diesen Untersuchungsergebnissen geht hervor, daß beim Reparaturschweißen ein Kupferniederschlag im alten Rohr zur Lötbrüchigkeit geführt hat. Der Schaden hätte vermieden werden können, wenn der Kupferniederschlag vor dem Schweißen über die Breite der Wärmeeinflußzone hinaus entfernt worden wäre.

Die ohnehin gegen Lötbrüchigkeit empfindlichen hochlegierten austenitischen Chrom-Nickel-Stähle sind besonders anfällig, wenn sie bei Temperaturen ab 750 °C [32] unter Zugbeanspruchung von flüssigem Zink benetzt werden. Bei Rohrkrümmern, die aus Halbschalen aus austenitischem Chrom-Nickel-Stahl zusammengeschweißt worden waren (Bild 93), zeigten Röntgenaufnahmen zahlreiche stark verzweigte Risse quer zur Schweißnaht (Bild 94). Besonders deutlich sind die Risse an dem Oberflächenschliff in

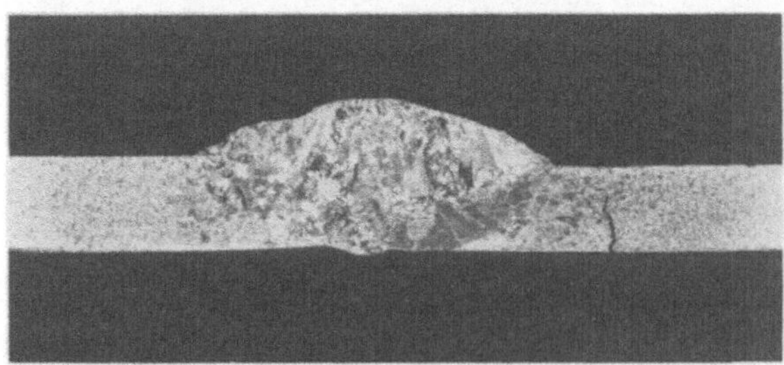

Bild 92   2 : 1

Bild 92. Gasschweißverbindung an Kesselrohren aus Stahl 15Mo3 mit Riß im Grundwerkstoff (Ätzmittel: 10 %ige alkoholische Salpetersäure)

Bild 95 zu erkennen. Bei genauerer Untersuchung eines Krümmers wurde neben der Schweißnaht aufgequetschtes Zink festgestellt (siehe Pfeile in Bild 93). Die Aufnahme wurde nach der Probennahme für die metallographischen und chemischen Untersuchungsarbeiten angefertigt. Eine Rückfrage nach der Herkunft des Zinks ergab, daß die Halbschalen mit verzinkten Stempeln in verzinkte Formen gepreßt worden waren. Ein dem Rißgebiet entnommener Mikroschliff zeigte feine, verästelte, mit Zink angefüllte Risse (Bild 96). Die Risse sind auf Lötbrüchigkeit (Zinkrissigkeit) zurückzuführen, die beim Schweißen durch das schmelzende Zink und Schweißspannungen ausgelöst wurden. Es traten keine Risse mehr auf, nachdem bei der Fertigung die Halbschalen vor dem Schweißen in einem Beizbad vom aufgequetschten Zink befreit wurden.

Auf die Empfindlichkeit der austenitischen nichtrostenden Stähle gegen Zink bei hohen Temperaturen weist Brown an Hand eines Falles aus der Praxis hin [7]. Hier wurden Rohrschlangen und gegossene Krümmer, beide aus stabilisiertem 19/9-Stahl, zu Rohrleitungen zusammengeschweißt und anschließend bei 900 °C spannungsarm geglüht. Zur Überwachung der Temperatur wurden Thermoelemente mit verzinkten Drähten an den Schweißstellen befestigt. Ein Riß neben einer Schweißnaht konnte auf Lötbrüchigkeit zurückgeführt werden, verursacht durch die Zinkauflage des Haltedrahtes.

Ebert, Rubo und Thiessen schildern einen Fall, bei dem Zinkstaubfarbe Lötbrüchigkeit in austenitischem Stahl ausgelöst hat, wie folgt: Ein doppelwandiges heizbares Absperrventil aus X5CrNiMo18 10 war wegen einiger angeschweißter Teile aus unlegiertem Stahl mit der für unlegierte Armaturen üblichen Zinkstaubfarbe vollständig gestrichen worden. Auch die Heizmantelanschlußstutzen bestanden aus austenitischem Chrom-Nickel-Stahl. Beim Anschweißen der Rohre für die Heizung rissen die Stutzen unmittelbar neben der Naht durch Lötbrüchigkeit, die von der nicht entfernten Zinkschicht ausgelöst wurde [17].

Bei Schweißarbeiten an feuerverzinkten unlegierten und niedriglegierten Stählen ist Lötbrüchigkeit nicht zu befürchten, wenn die Zinkauflage bis mindestens 10 mm neben den Fugenflanken beseitigt wird [6] und dem Zink Gelegenheit gegeben wird, ungehindert zu verdampfen. Vorteilhaft ist die Nahtvorbereitung mit dem Schweißbrenner, durch die man zinkfreie Schweißfugen erhält. Bei Kehlnähten an verzinktem Stahl über 10 mm Dicke sollte ein Luftspalt von mindestens 1 mm zwischen Steg- und Gurtblech gehalten werden, damit das Zink verdampfen kann. Bei Überlappnähten ist vor dem Schweißen die Zinkschicht an den aufeinanderliegenden Flächen mit einem oxydierend eingestellten Brenner zu verdampfen. Das Einatmen von Zinkdämpfen und den Oxidationsprodukten des Zinks kann „Zinkfieber" hervorrufen. Bei Arbeiten an verzinktem Stahl sind deshalb Maßnahmen zum Schutze des Schweißers nötig [6]. Nach dem Schweißen muß der Korrosionsschutz an den durch die Schweißarbeiten vom Zink befreiten Stellen durch einen Zinkstaubanstrich nach DIN 18 364 wiederhergestellt werden.

Beim Feuerverzinken von Stahlteilen kann Zinkrissigkeit auftreten, wenn die Teile beim Eintauchen in das 425—500 °C heiße Zinkbad unter Zugbeanspruchung stehen [53]. Ein Beispiel hierfür zeigen die Bilder 97 bis 99. Hier wurden für die Rohrschlangen eines Kondensators nahtlose Stahlrohre kalt zur U-Form gebogen und anschließend feuerverzinkt. An den Rohrbögen wurden

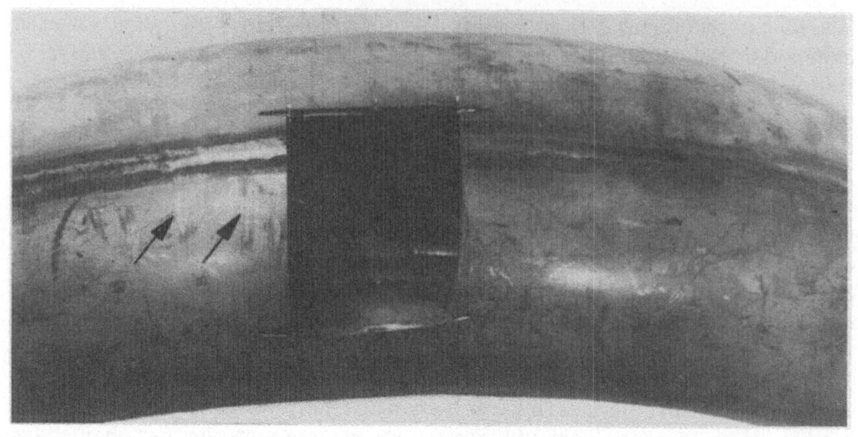

Bild 93   1 : 4

Bild 94   4 : 1   Bild 95   4 : 1

Bild 96   400 : 1

Bild 93. Aus Halbschalen zusammengeschweißter Rohrkrümmer aus Stahl X10CrNiTi18 9. Die Pfeile zeigen auf aufgequetschtes Zink. Die Aufnahme wurde nacn dem Entnehmen der Probe für die metallographische und chemische Untersuchung angefertigt

Bild 94. Vergrößerte Reproduktion der Röntgenaufnahme eines Schweißnahtabschnittes des in Bild 93 gezeigten Krümmers

Bild 95. Ungeätzter Oberflächenschliff aus dem Rißgebiet

Bild 96. Von einem Hauptriß ausgehende mit Zink angefüllte, stark verästelte Risse. (Ungeätzter Mikroschliff)

64

später Undichtigkeiten festgestellt. Bild 97 zeigt einen Längsriß im Außenbogen eines Rohres nach dem Abbeizen der Zinkschicht.

Einem nicht vom Zink befreiten Rohr wurde in der rißverdächtigen Zone eine Probe für einen Mikroschliff entnommen. Der hierbei angeschnittene Riß ist in Bild 98 bei schwacher und teilweise in Bild 99 bei stärkerer Vergrößerung wiedergegeben. Es sind deutlich zu erkennen: die Zinkschicht auf der Rohraußenwand, ein breiter mit Zink angefüllter Riß und einige feinere verästelte Risse.

Die Risse sind danach mit großer Wahrscheinlichkeit durch Zinkrissigkeit beim Eintauchen der vom Kaltverformen her mit inneren Zugspannungen behafteten Rohre in das Verzinkungsbad entstanden. Es ist außerdem möglich, daß z. B. durch eine Haltevorrichtung noch äußerlich Zugbeanspruchung aufgebracht wurde, die durch die Hebelwirkung der langen Schenkel der U-Rohre sehr groß gewesen sein kann.

Bei Abbrennschweißungen kann der eingespannte Stahl leicht verbogen werden. Wenn dann durch die hohe Stromdichte beim Übergang die Riffelspitzen aufschmelzen, dringt flüssiges Kupfer in den spannungsbehafteten Stahl ein. Brüche treten auf, wenn bei beginnender Abkühlung im noch fest eingespannten Stahl Zugspannungen bei Temperaturen entstehen, bei denen das Kupfer noch flüssig ist [20].

Verbindungsschweißen zwischen Stahl und Kupfer mit Kupferelektroden neigen zur Lötbrüchigkeit, wenn nicht auf der Stahlseite der Schweißfuge erst eine Pufferschicht aus Nickel oder einer der hierfür entwickelten Nickellegierungen aufgetragen wird [61].

Beim Weichlöten von Stahl (Kaltlöten) ist zwar auch schon bei Laborversuchen Lötbrüchigkeit beobachtet worden [21, 36], wegen der niedrigen Schmelztemperaturen der Weichlote (Blei-Zinn-Lote mit Arbeitstemperaturen zwischen 200 und 300 °C) braucht aber in der Praxis mit Schäden dieser Art nicht gerechnet zu werden.

Häufig lassen sich beim Hartlöten Zugspannungen im Werkstück nicht ganz vermeiden. Da die Lötbruchanfälligkeit mit steigender Temperatur zunimmt, sind für solche Fälle niedrigschmelzende Silberlote den hochschmelzenden

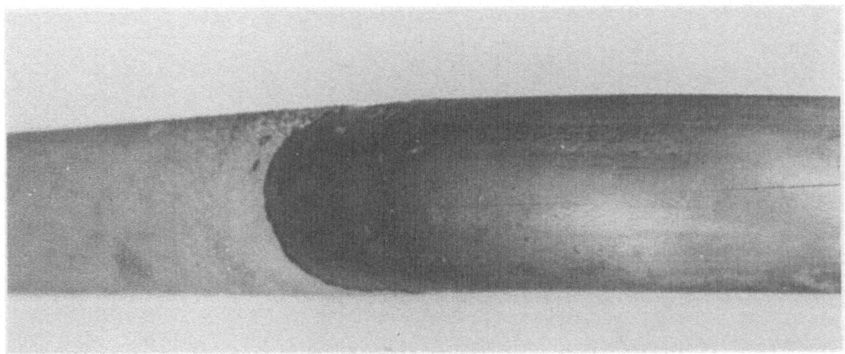

Bild 97   1 : 2

Bild 97. Riß im Außenbogen eines feuerverzinkten U-Rohres. Zinkschicht im Rißgebiet abgebeizt

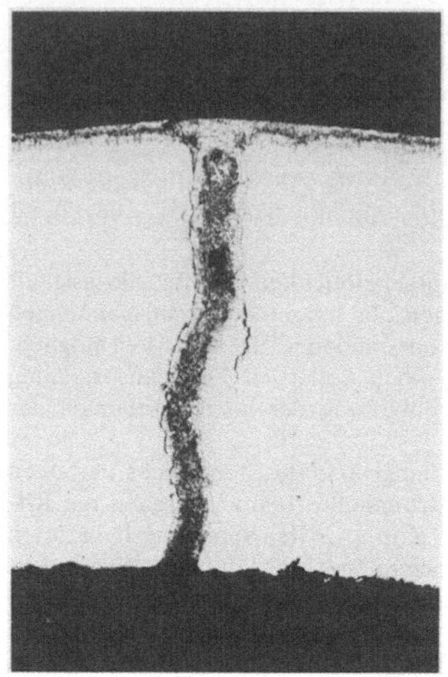 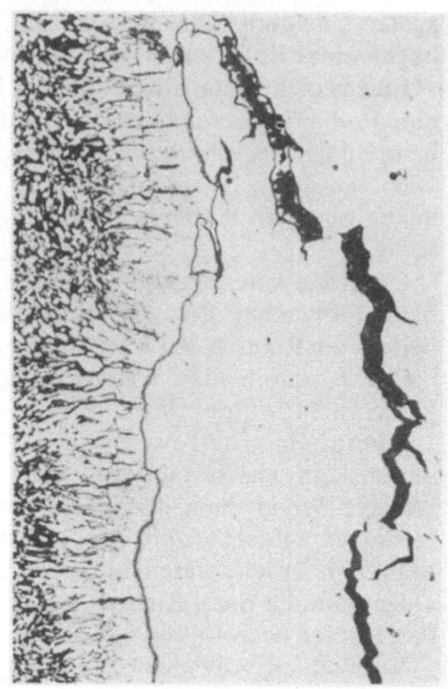

Bild 98   20 : 1   Bild 99   200 : 1

Bild 98. Ungeätzter Querschliff aus dem Rißgebiet eines noch nicht gebeizten Rohres
Bild 99. Die in Bild 98 gekennzeichnete Stelle bei stärkerer Vergrößerung

Messingloten vorzuziehen. Silber legiert sich nicht mit Stahl, wodurch im Silberlot die Komponenten, die Lötbrüchigkeit auslösen können, geringer sind. Bei den gegen Lötbrüchigkeit besonders empfindlichen hochlegierten Chrom-Nickel-Stählen müssen in jedem Falle niedrigschmelzende, silberreiche Hartlote verwendet werden [32].

66

Perlitentartung

Kühlen unlegierte Stähle mit geringem Kohlenstoff (z. B. 0,06 %) aus dem γ-Gebiet ab, bilden sich im Temperaturbereich zwischen den Punkten A_3 und A_1 zahlreiche voreutektoidische Ferritkristalle. Wenn die Temperatur auf A_1 gesunken ist, wandeln sich die wenigen letzten Austenitkristalle, die sich inzwischen auf rd. 0,8 % mit Kohlenstoff angereichert haben, in Perlit um. Bei langsamer Abkühlung kommt es dann leicht vor, daß der für den Aufbau der Perlitkörner nötige Ferrit an die zahlreichen Körner des voreutektoidischen Ferrits ankristallisiert, während der spröde Zementit an die Korngrenzen abgedrängt wird und als Schalenwerk die Ferritkörner umhüllt. Diese „Perlitentartung" ist häufig bei unlegierten kohlenstoffarmen Stählen anzutreffen, die langsam aus dem γ-Gebiet abgekühlt wurden [36].

Besonders gründlich haben sich Rose und Hougardy [57] mit den Bildungsbedingungen entarteter Stahlgefüge befaßt. Sie stellten unter anderem fest, daß die Neigung des bei der eutektoidischen Umwandlung gebildeten Zementits nicht lamellar mit dem Ferrit, sondern unabhängig davon an den Korngrenzen zu kristallisieren, mit zunehmender Menge voreutektoidisch ausgeschiedenen Ferrits, also mit abnehmendem Kohlenstoffgehalt stärker wird. Da die Korngrenzen die Ausscheidung voreutektoidischer Phasen fördern, neigen feinkörnige Stähle stärker zur Entartung als grobkörnige Stähle gleicher chemischer Zusammensetzung [57].

Die Zähigkeit der weichen Eisenkörner kommt nicht zur Wirkung, wenn sie durch spröde Zementitschalen voneinander getrennt sind. Die mechanischen Eigenschaften eines Stahles mit entartetem Perlit werden also weitgehend durch das harte Zementitschalenwerk beeinflußt.

Eine vollständige Umhüllung aller Ferritkörner durch Zementitschalen kommt kaum vor. Aber auch eine nicht vollständige Umhüllung der Ferritkörner ist nachteilig für die Kaltverformung. Nach Houdremont [36] zerbricht bei der Kaltverformung der Zementit an den Korngrenzen leicht, und der Stahl reißt innerlich auf. Bei mehrachsiger, schlagartiger Beanspruchung führt eine solche Gefügeausbildung zum Sprödbruch.

Stellt man von einem Stahl, dessen Perlit entartet ist, einen Schliff her, so wird das Schalenwerk zerschnitten, und der Zementit erscheint in der Schliffebene als Netzwerk, das metallographisch „Korngrenzenzementit" genannt wird (Bild 100).

Zur Ermittlung des Anteils an Korngrenzenzementit im Gefüge muß der mit 2 %iger alkoholischer Salpetersäure geätzte Schliff, in dem alle Korngrenzen sichtbar sind (Bild 100), nochmals abpoliert und mit einem Zementit-Nachweisätzmittel, z. B. alkalischer Natriumpikratlösung (Bild 101) nach Hanemann und Schrader [50] oder Natriumthiosulfatlösung nach Klemm [2] geätzt werden.

Korngrenzenzementit wandelt sich beim Glühen bei Temperaturen knapp unterhalb des Punktes A_1 nicht in kugeligen Zementit um. Er muß oberhalb A_3 im Austenit gelöst werden. Durch anschließende beschleunigte Abkühlung kann verhindert werden, daß sich wieder Korngrenzenzementit bildet. Es entsteht dann feinstreifiger Perlit.

Bild 102 zeigt, wie bei Schweißarbeiten an einem dünnen Stahlblech, dessen Perlit vollständig entartet war, durch die Schweißhitze an einigen besonders zementitreichen Stellen Flecken sehr feinstreifigen Perlits entstanden sind. Interessant ist, daß diese Flecken nicht überall dort auftraten, wo das Blech durch die Schweißhitze über den Punkt A_3 erhitzt wurde, sondern nur in einigem Abstand von der Schweißnaht, wo vermutlich nur ganz kurze Zeit Austenittemperatur geherrscht hat und der Blechwerkstoff schnell wieder unter A_1 abkühlte. Die Rückbildung des Korngrenzenzementits konnte in der sehr kurzen Zeit, die diese Stelle des Bleches Normalisierungstemperatur hatte, nur sehr unvollkommen verlaufen. Die schnelle Abkühlung hat aber bewirkt, daß der wenige aus dem Korngrenzenzementit in Lösung gegangene Kohlenstoff bei der Abkühlung feinstreifigen Perlit bildete und nicht wieder als Zementit an den Korngrenzen abgelagert wurde.

Wie weit kohlenstoffarmer Stahl durch Perlitentartung verspröden kann, soll an drei Beispielen gezeigt werden.

Das in Bild 103 wiedergegebene Wirbel-Langauge war verformungslos mit grobem, glitzerndem Korn im letzten Gewindegang gebrochen. Spektroskopisch wurde festgestellt, daß es sich um einen unlegierten, unberuhigten Stahl handelt. Bei der Ermittlung des Kohlenstoff- und des Stickstoffgehaltes an über den ganzen Querschnitt entnommenen Spänen wurden 0,06 % C und 0,016 % N gefunden. Dieses aus einer alten Anlage stammende Langauge wurde danach aus einem kohlenstoffarmen Stahl angefertigt, der aufgrund seines Stickstoffgehaltes als Thomasstahl anzusprechen ist, wie er bei der Untersuchung von Schadensfällen an älteren Konstruktionen häufig noch anzutreffen ist.

Bei der Untersuchung eines Mikroschliffes aus dem Bruchbereich wurde völlig perlitfreies Gefüge mit Korngrenzenzementit festgestellt (Bild 104). Es lag deshalb die Vermutung nahe, daß der Sprödbruch auf entarteten Perlit zurückzuführen war.

Da aus dem Gefüge allein keine Schlüsse auf das Ausmaß der Versprödung gezogen werden können und es auch nicht aussagt, wieweit gegebenenfalls Alterung durch Stickstoff an der Versprödung beteiligt ist, wurden fünf DVM-Kerbschlagbiegeproben aus dem geseigerten Kern des gebrochenen Langauges herausgearbeitet. Eine Probe wurde im Anlieferungszustand geschlagen. Die vier anderen wurden zuerst mit Übermaß hergestellt, dann unterschiedlichen Wärmebehandlungen unterzogen und anschließend fertig bearbeitet und geschlagen. Die Ergebnisse dieses Versuches sind in Tabelle 1 zusammengestellt (siehe Seite 71).

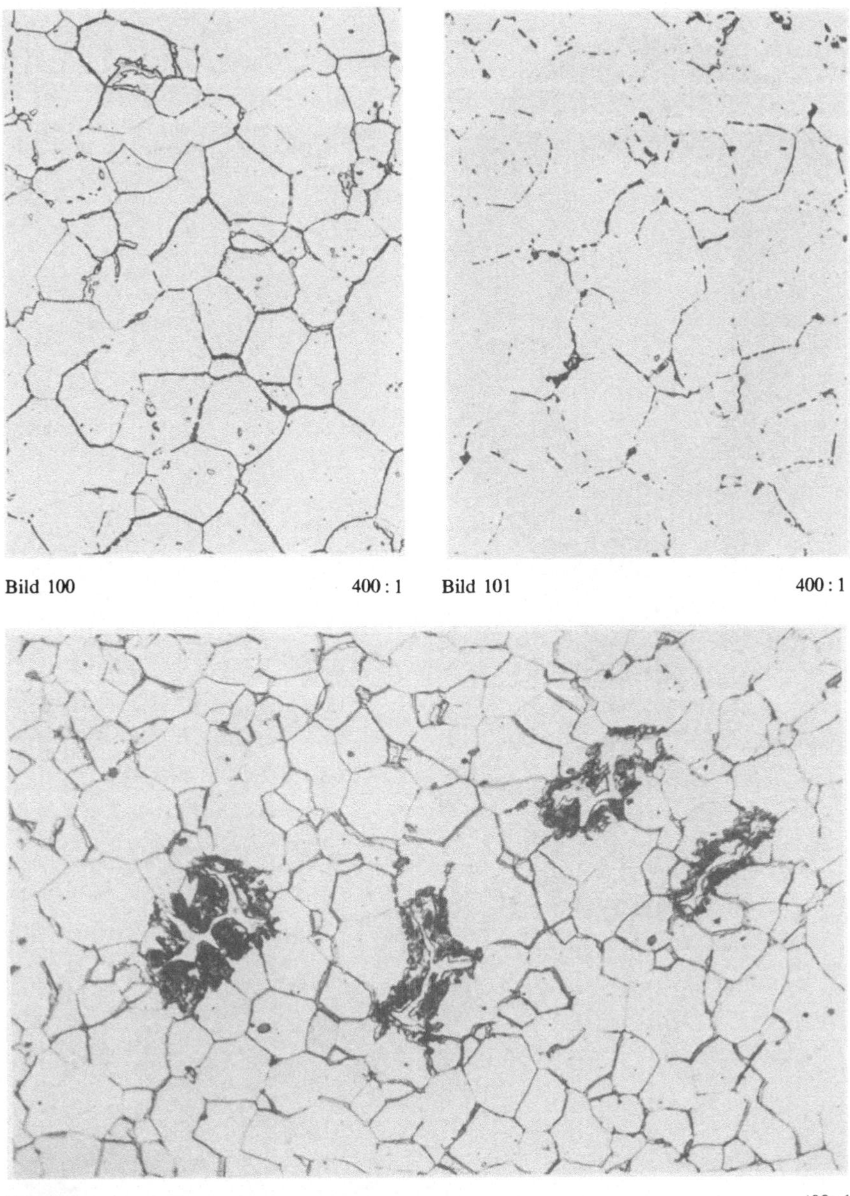

Bild 100   400:1   Bild 101   400:1

Bild 102   400:1

Bild 100. Mikrogefüge eines versprödeten Stahlbleches mit 0,06% Kohlenstoff. Der Perlit ist völlig entartet. (Ätzmittel: 2%ige alkoholische Salpetersäure)

Bild 101. Derselbe Schliff wie in Bild 100, nochmals abpoliert und mit alkalischer Natriumpikratlösung geätzt. Es wurde nur der Korngrenzenzementit dunkel gefärbt

Bild 102. Rückbildung von Korngrenzenzementit zu feinstreifigem Perlit durch die Schweißhitze bei Schweißarbeiten an einem Stahlblech, dessen Perlit vollständig entartet war. (Ätzmittel: 2%ige alkoholische Salpetersäure).

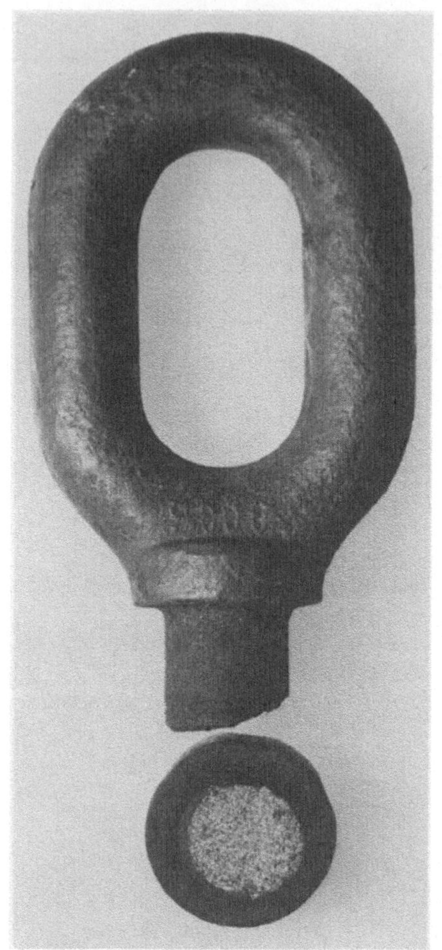

Bild 103   1:2

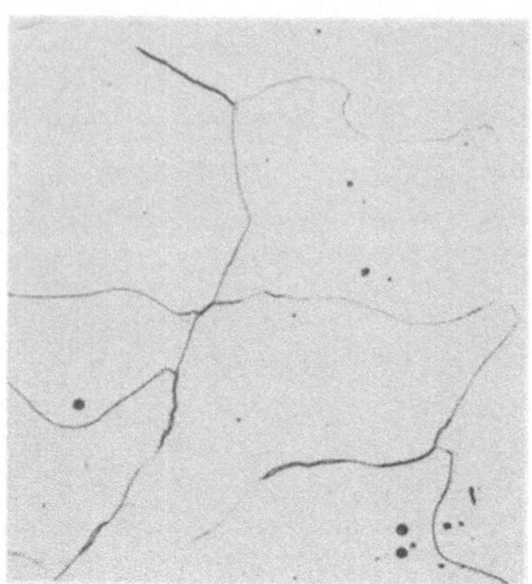

Bild 104   400:1

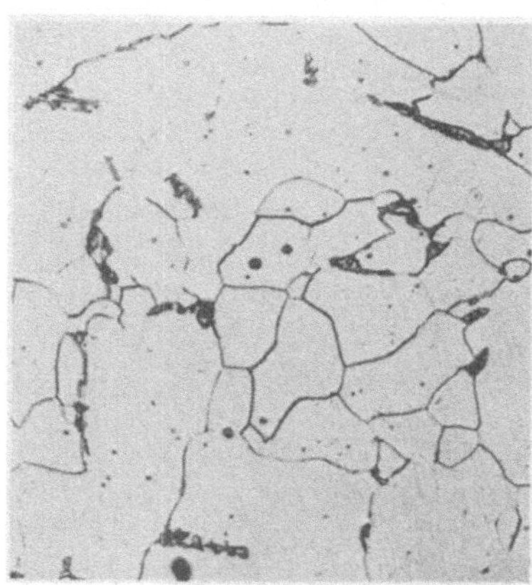

Bild 105   400:1

Bild 103. Im Gewindeteil spröde gebrochenes Wirbel-Langauge

Bilder 104 bis 106. Mikrogefüge der aus dem Wirbel-Langauge hergestellten Kerbschlagbiegeproben. (Ätzmittel: 2%ige alkoholische Salpetersäure).

Bild 104. Probe 1 nach Tabelle 1
Bild 105. Probe 3 nach Tabelle 1
Bild 106. Probe 5 nach Tabelle 1

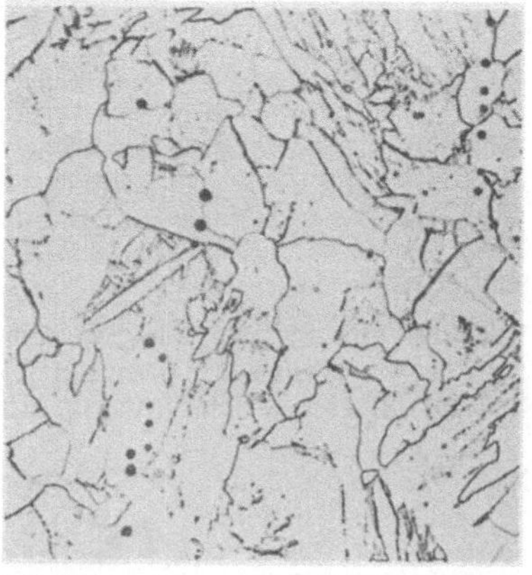

Bild 106   400:1

70

Tabelle 1

Probe	Probenbehandlung	Kerbschlag-arbeit J
1	Anlieferungszustand	5,8
2	2 h bei 590 °C geglüht und an bewegter Luft abgekühlt	5,9
3	$^1/_2$ h bei 950 °C geglüht und an bewegter Luft abgekühlt	78,3
4	$^1/_2$ h bei 950 °C geglüht und in Wasser abgeschreckt	50,1
5	$^1/_2$ h bei 950 °C geglüht, in Wasser abgeschreckt und 1 h bei 600 °C angelassen	105,1

Aus diesen Untersuchungsergebnissen kann geschlossen werden:

1. Der Stahl war im Anlieferungszustand außerordentlich spröde.
2. Die Versprödung kann nicht auf Stickstoffalterung zurückgeführt werden. Das größte Lösungsvermögen des Ferrits für Stickstoff liegt bei 590 °C [62]. Die Sprödigkeit hätte durch die an Probe 2 durchgeführte Wärmebehandlung vermindert werden müssen, wenn sie durch submikroskopisch ausgeschiedene Nitridteilchen verursacht worden wäre.
3. Durch beschleunigtes Abkühlen an bewegter Luft nach dem Glühen im γ-Gebiet ließ sich die Entartung des Perlits teilweise unterdrücken (Bild 105).
4. Durch Abschrecken der bei 950 °C geglühten Probe in Wasser konnte die Bildung von Korngrenzenzementit verhindert werden. Aufgrund des niedrigen Kohlenstoffgehaltes ist die Härtezunahme hierbei so gering, daß auch nach dieser Behandlung die Kerbschlagarbeit wesentlich höher ist als im Anlieferungszustand.
5. Die höchste Kerbschlagarbeit ließ sich durch Abschrecken der Probe von 950 °C in Wasser und Abbau der geringen Härtesteigerung durch anschließendes Anlassen erreichen (Bild 106).

Da die Neigung zur Perlitentartung mit sinkendem Kohlenstoffgehalt größer wird, muß beim langsamen Abkühlen unberuhigter Stähle auch bei allgemein höherem Kohlenstoffgehalt in den kohlenstoffärmeren (positiv gesteigerten) Außenbereichen mit Korngrenzenzementit gerechnet werden [70].

Als weiteres Beispiel zeigt Bild 107 eine spröde gebrochene Brückenhängestange. Für Kohlenstoff- und Stickstoffgehalt des unlegierten, beruhigten Stahles wurden 0,05 und 0,008 % ermittelt. Aus einem der Bruchstücke wurden eine Zugprobe und drei DVM-Kerbschlagbiegeproben herausgearbeitet.

Die im Zugversuch ermittelte Zugfestigkeit von 337 N/mm^2, Streckgrenze von 228 N/mm^2 und Bruchdehnung ($L_0 = 5d_0$) von 38 % zeigen, daß es sich um einen bei statischer Beanspruchung gut dehnbaren Stahl handelt.

Völlig anders war jedoch das Zähigkeitsverhalten bei schlagartiger Beanspruchung, wie die Ergebnisse der Kerbschlagbiegeversuche (Tabelle 2, siehe Seite 74) zeigen. Sie lassen erkennen, daß der Werkstoff im Anlieferungszustand sehr spröde war. Auch hier muß aus der Tatsache, daß durch Glühen bei 590 °C keine höhere Kerbschlagarbeit erreicht wurde, nach dem Normalglühen der Stahl jedoch sehr zäh war, geschlossen werden, daß die Sprödigkeit im Anlieferungszustand nicht auf eine Alterung durch Stickstoff, sondern auf

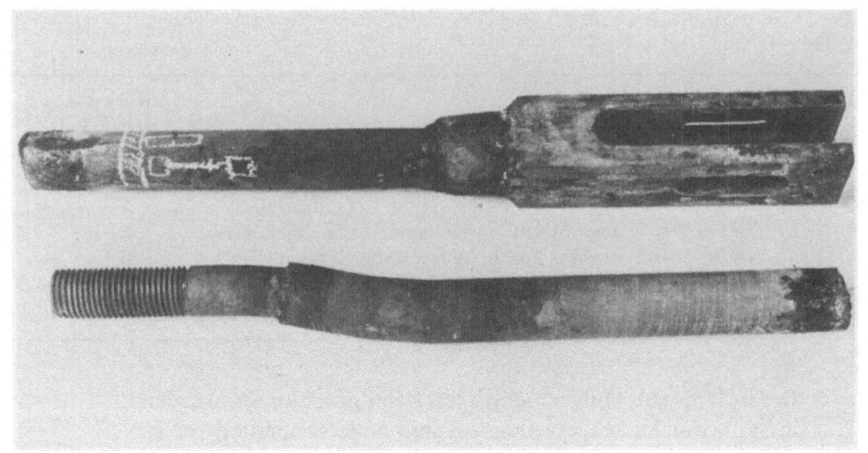

Bild 107   1 : 8

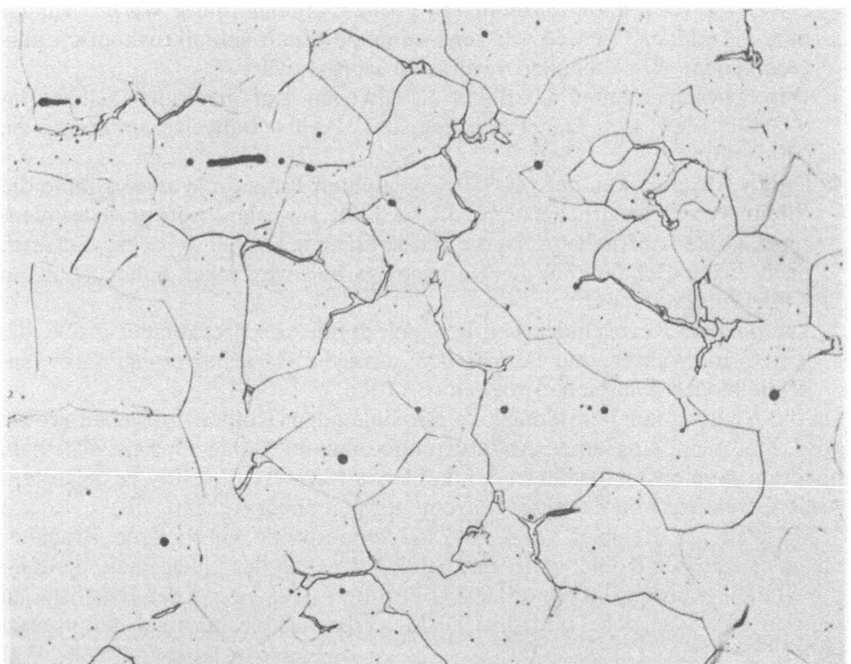

Bild 108   200 : 1

Bild 107. Spröde gebrochene Brückenhängestange
Bild 108. Mikrogefüge der gebrochenen Brückenhängestange. (Ätzmittel: 2%ige alkoholische Salpetersäure)

72

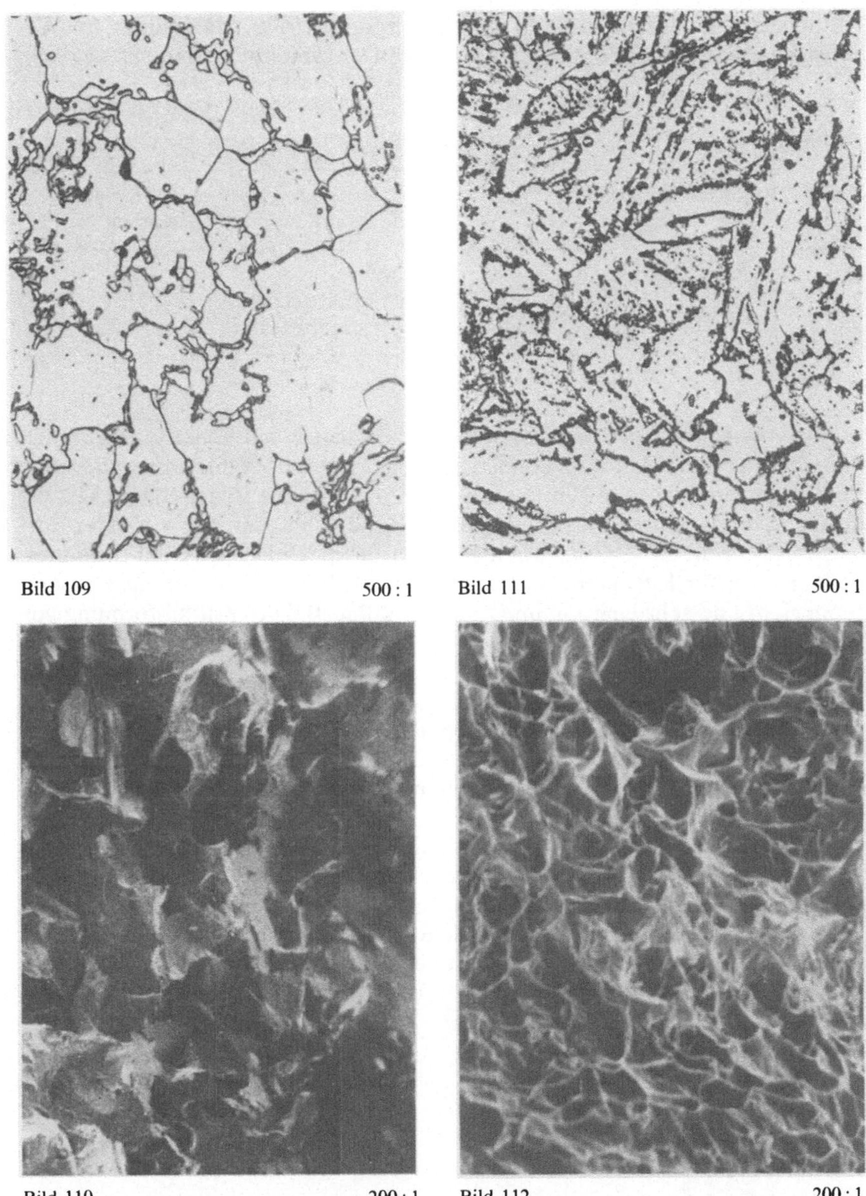

Bild 109   500 : 1   Bild 111   500 : 1

Bild 110   200 : 1   Bild 112   200 : 1

Bild 109. Mikrogefüge eines unlegierten Rundstahles mit 0,1 % Kohlenstoff, der wegen vollständiger Perlitentartung bei schlagartigen Umformungsarbeiten versagt hat. (Ätzmittel: 2%ige alkoholische Salpetersäure)

Bild 110. Korngrenzenorientierter Sprödbruch einer Kerbschlagbiegeprobe mit dem Bild 109 entsprechenden Gefüge. (Rasterelektronenmikroskopische Aufnahme)

Bild 111. Mikrogefüge derselben Probe nach Abschrecken aus dem γ-Gebiet und $^1/_2$stündigem Anlassen bei 650 °C. (Ätzmittel: 2%ige alkoholische Salpetersäure)

Bild 112. Zäher Wabenbruch einer Kerbschlagbiegeprobe mit dem Bild 111 entsprechenden Gefüge. (Rasterelektronenmikroskopische Aufnahme)

Perlitentartung zurückzuführen ist. Das Mikrogefüge des Stahles im Anlieferungszustand läßt deutlich den Korngrenzenzementit erkennen (Bild 108).

Tabelle 2

Probe	Probenbehandlung	Kerbschlagarbeit J
1	Anlieferungszustand	13,0
2	2 h bei 590 °C geglüht und an bewegter Luft abgekühlt	13,7
3	$^1/_2$ h bei 940 °C geglüht und an bewegter Luft abgekühlt	130,5

Auch bei Kaltumformungsarbeiten, die schlagartig mit hoher Geschwindigkeit durchgeführt werden, können kohlenstoffarme Stähle mit entartetem Perlit bruchanfällig sein. Ein Beispiel hierfür zeigen die Bilder 109 bis 112, die bei der Untersuchung eines unlegierten Rundstahles mit 0,1 % Kohlenstoff angefertigt wurden. Dieser Rundstahl wurde in Unkenntnis der Bildungsbedingungen für Korngrenzenzementit in Coils bei Normalisierungstemperatur geglüht und sehr langsam im Ofen abgekühlt. Bei der Kaltumformung von Abschnitten aus dem so behandelten Rundstahl versagte der Werkstoff durch Ausbrechen.

Bild 109 zeigt das völlig entartete Gefüge des geglühten Stahles. Mit einer DVM-Kerbschlagbiegeprobe wurde für diesen Zustand eine Kerbschlagarbeit von nur 10 J ermittelt. Das in der Rasteraufnahme Bild 110 wiedergegebene Bruchgefüge der Kerbschlagprobe zeigt einen korngrenzenorientierten Sprödbruch.

Durch Abschrecken aus dem γ-Gebiet und anschließendes $^1/_2$stündiges Anlassen bei 650 °C konnte die Kerbschlagarbeit des Stahles auf 125 J gesteigert werden. Die Mikroaufnahme Bild 111 zeigt den Gefügezustand des Stahles nach der Anlaßbehandlung. Die Rasteraufnahme Bild 112 von einer der Bruchflächen der Kerbschlagbiegeprobe läßt die für einen zähen Bruch typische Wabenstruktur erkennen.

Spannungsrißkorrosion

Spannungsrißkorrosion, in der Praxis häufig auch kurz nur SpRK genannt, ist eine Korrosionsart, bei der Risse vor allem in metallischen Werkstoffen dann auftreten, wenn folgende drei Faktoren zusammentreffen:
— Neigung des Werkstoffes zur Spannungsrißkorrosion,
— innere oder äußere Zugspannungen,
— ein für den Werkstoff spezifisches angreifendes Medium.

Die zuerst sehr feinen Risse verlaufen je nach Legierung und angreifendem Medium durch die Körner hindurch (transkristallin) oder folgen den Korngrenzen (interkristallin). Da makroskopisch meist keine Korrosionsprodukte zu erkennen sind, werden SpRK-Schäden häufig erst bemerkt, wenn der durch zahlreiche Risse verminderte belastbare Querschnitt der Betriebsbeanspruchung nicht mehr gewachsen ist und mechanisch auseinanderbricht, wobei der verformungsarme Trennbruch, der im allgemeinen keine Korrosionsprodukte aufweist, für Spannungsrißkorrosion typisch ist.

Der Mechanismus der Spannungsrißkorrosion ist noch nicht völlig geklärt. Trotz unterschiedlicher Auffassungen ist jedoch eine wirksame Bekämpfung von SpRK-Schäden möglich, weil das Schadensbild und die Ursachen weitgehend bekannt sind.

Da das Thema Spannungsrißkorrosion so vielseitig ist, daß es allein ein umfangreiches Buch füllen könnte, werden hier als Beispiele aus der Praxis nur die besonders häufig vorkommenden Schäden an Kupfer-Zink-Legierungen (Messingen) und an austenitischen Chrom-Nickel-Stählen beschrieben.

Bei Kupfer-Zink-Legierungen mit mehr als etwa 15 % Zink können schon sehr geringe Mengen Ammoniak im Wasser (Kühlwasser) oder in der Luft (Industrieatmosphäre) Spannungsrißkorrosion auslösen.

Bild 113 zeigt Messingkappen aus CuZn37 für Hochspannungsröhren, die längere Zeit der Witterung ausgesetzt waren. Nach dem Kalt-Tiefziehen sind diese Kappen nicht spannungsarm geglüht worden. Der in Industrieatmosphäre häufig vorhandene schwache Ammoniakgehalt hat ausgereicht, um die unter hohen inneren Spannungen stehenden Kappen aufreißen zu lassen.

Bild 114 veranschaulicht einen Versuch mit zwei neuen Kappen. Eine der beiden Proben wurde $^1/_2$ h bei 250 °C spannungsarm geglüht, um die fertigungsbedingten Eigenspannungen abzubauen. Beide Proben, die angelassene und die nicht angelassene, wurden mit 10 %iger Salpetersäure gereinigt und anschließend 15 Minuten lang in eine 15 %ige Quecksilbernitratlösung $Hg(NO_3)_2$ getaucht (Quecksilbernitratprobe nach DIN 1 785). Dabei scheidet sich Quecksilber auf dem Messing ab. Bei der mit Fertigungsrestspannungen be-

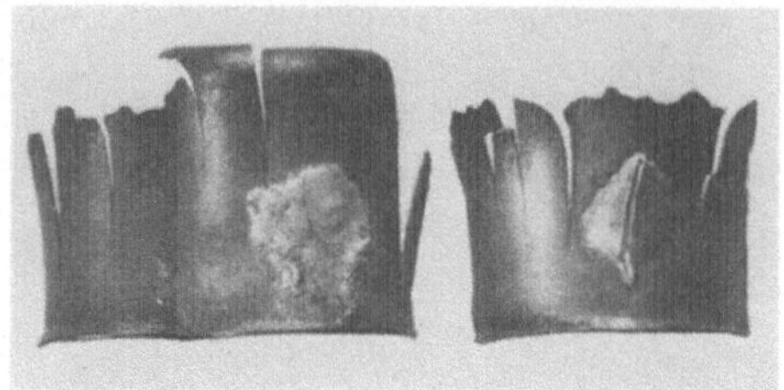

Bild 113   1 : 1

Bild 114   1 : 1

Bild 115   100 : 1

Bild 113. Durch Spannungsrißkorrosion aufgeplatzte Messingkappen für Hochspannungsröhren

Bild 114. Quecksilbernitratprobe mit zwei neuen Kappen. Rechts: Anlieferungszustand, nicht angelassen. Links: $^1/_2$ h bei 250 °C angelassen

Bild 115. Mikroschliff aus einem durch Spannungsrißkorrosion zerstörten Messingkontakt. (Ätzmittel: Ammoniak und Wasserstoffsuperoxid)

76

hafteten Probe drang das Quecksilber an den Korngrenzen ein und bildete ein Amalgam, das den Zusammenhalt der Körner störte. Die Probe riß dadurch auf, während die angelassene Probe heil blieb.

In ammoniakhaltiger feuchter Atmosphäre bildet sich mit dem Kupfer des Messings Kupfer(II)-tetraminhydroxid $Cu(NH_3)_4(OH)_2$, das Spannungsrißkorrosion auslöst. Ammoniak kann deshalb nur wirken, wenn Feuchtigkeit und Sauerstoff anwesend sind [12].

Die Mikroaufnahme Bild 115 zeigt interkristalline Risse in einem durch Spannungsrißkorrosion zerstörten Messingkontakt eines Schalters. Die U-förmigen Kontakte waren aus CuZn37 kalt gebogen worden. Es fiel auf, daß Kontakte, die an den Schaltern nur festgeschraubt waren, einwandfrei arbeiteten, während eine Anzahl gleicher Kontakte, die zusätzlich noch an den Schaltern festgeklebt waren, nach einiger Zeit brachen.

Innere Spannungen wurden in allen Kontakten bei der Herstellung erzeugt. Brüche und Anrisse traten jedoch nur in den geklebten Kontakten auf, und zwar nur in dem Bereich, wo das Messing mit dem Klebstoff in Berührung gekommen war. Es muß deshalb angenommen werden, daß der Klebstoff im frischen, noch nicht erhärteten Zustand die Spannungsrißkorrosion ausgelöst hat. Gestützt wird diese Annahme durch die Tatsache, daß die Teile der gebrochenen Kontakte, die nicht mit der Klebmasse in Berührung gekommen waren, sich stark verformen ließen, ohne aufzureißen, ebenso wie nicht geklebte Kontakte, die aus anderen Schaltern ausgebaut wurden.

Kondensatorrohre aus Kupfer-Zink-Legierungen, die nicht frei von inneren oder äußeren Zugspannungen sind, können in ammoniakhaltigem Kühlwasser oder durch Ammoniak, das zur Neutralisierung bewußt dem Dampf zugesetzt wird, durch Spannungsrißkorrosion zerstört werden. Bei der Herstellung gezogener Messingrohre aufgebrachte Tangentialspannungen können dabei zu Längsrissen führen. Querrisse können dagegen meist auf Wärmespannungen oder auf Zugspannungen, die beim Bau des Kondensators erzeugt wurden, zurückgeführt werden. Längsrisse an Kondensatorrohren aus Messing werden nur noch selten beobachtet, weil Spannungsarmglühen nach der Rohrherstellung allgemein vorgeschrieben ist. Bild 116 zeigt durch Spannungsrißkorrosion erzeugte Längsrisse an Kondensatorrohren aus CuZn20Al, bei denen die Glühbehandlung nicht oder nur unvollkommen durchgeführt wurde.

Praktische Erfahrung hat gelehrt, daß die Quecksilbernitratprobe für die Prüfung von Kondensatorrohren aus Messing auf Spannungsfreiheit nicht immer ausreicht. Deshalb wird hier die empfindlichere Ammoniakprobe vorgezogen. Bei dieser Prüfung werden gebeizte Rohrabschnitte in einem Exsikkator 50 bis 100 mm über einer 12 %igen Ammoniaklösung gelagert. Wenn sich nach 48 Stunden keine Risse zeigen, gelten die Rohre für die Praxis als unempfindlich gegen Spannungsrißkorrosion durch Fertigungsrestspannungen [18].

Auch kleinere Kaltverformungsarbeiten an Bauteilen aus Messing sollten immer vor dem Spannungsarmglühen durchgeführt werden, um Spannungsrißkorrosion zu vermeiden, wie sie z. B. im Bereich der in Bild 117 gezeigten, in ein Teil aus CuZn20Al eingeschlagenen Zahl aufgetreten ist.

Die austenitischen Chrom-Nickel-Stähle sind vor allem gefährdet in chloridhaltigen Lösungen und in Gegenwart feuchter organischer Chlorverbindungen, bei hohen Temperaturen und Drücken aber auch in konzentrierten

Bild 116   1 : 2

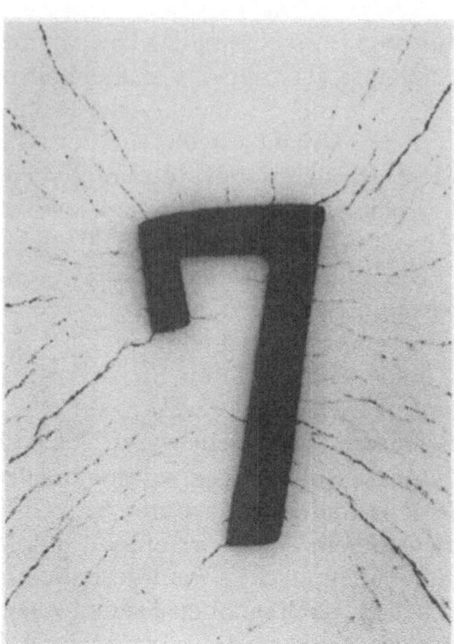

Bild 117   6 : 1

Bild 116. Durch Spannungsrißkorrosion an nicht ausreichend spannungsarm geglühten Kondensatorrohren aus CuZn20Al ausgelöste Längsrisse
Bild 117. Spannungsrißkorrosion im Bereich einer in ein Teil aus CuZn20Al eingeschlagenen Zahl

Laugen [31, 46, 68]. Die Anfälligkeit gegen Chloride nimmt mit steigender Konzentration und steigender Temperatur über +50°C zu. Bei hohen Temperaturen kann SpRK schon durch geringste Chloridanteile ausgelöst werden. Unter +5°C ist die Gefahr eines Angriffs durch SpRK gering, der dann auch erst nach sehr langer Zeit auftritt [46]. Die Risse sind meist sehr verästelt (Bild 118) und verlaufen transkristallin (Bild 119). Die typische wurzelartige Verästelung läßt bei Schadensfällen manchmal schon auf dem Röntgenbild (Bild 120) oder auch aus an der Oberfläche sichtbaren Rissen (Bilder 121 und 122) auf Spannungsrißkorrosion schließen.

Daß bei gleichzeitigem Auftreten von Lochfraß und Spannungsrißkorrosion (Bilder 121 und 123), wie es oft bei den molybdänfreien austenitischen Chrom-Nickel-Stählen beobachtet wird [32, 49, 66], die SpRK-Risse bevorzugt aus den Lochfraßstellen herauslaufen, läßt sich damit erklären, daß die Chloridkonzentration in den Löchern höher ist als im Außenelektrolyten [33]. Bild 123 zeigt in einem ungeätzten Mikroschliff aus der Rohrwand in Bild 121 aus Lochfraßstellen herauslaufende Spannungskorrosionsrisse. Bei schwacher Vergrößerung, wie in diesem Bild, sind häufig sehr feine Abzweigungen nicht immer deutlich zu erkennen. Es liegt deshalb nahe, Risse wie links in Bild 123 auf Schwingungsrißkorrosion (SRK) zurückzuführen. Wenn nicht, wie in diesem Falle, durch das Makrobild (Bild 121) Zweifel ausgeschlossen sind, sollte deshalb durch abwechselndes Polieren und Ätzen (Zwischenätzen) für eine weitgehende Entgratung der Risse gesorgt und der Schliff bei starker Vergrößerung ausgewertet werden.

In austenitischem Stahlguß und auch in der Grundmasse austenitischer Gußeisensorten verlaufen die SRK-Risse gradliniger und zweigen eckig scharf häufig im rechten Winkel ab, was vermutlich auf von der Walz- und Schmiedestruktur abweichende Verteilung der inneren Spannungen im Gußgefüge zurückzuführen ist [31]. Dieses unterschiedliche Rißverhalten prägt sich auch in der Bruchstruktur aus, wie in der Gegenüberstellung lichtmikroskopischer Aufnahmen von Mikroschliffen und rasterelektronenmikroskopischer Aufnahmen der entsprechenden Bruchflächen in den Bildern 124/127 und 125/128 zu erkennen ist. Die Bruchfläche der geschmiedeten Schraube aus X10CrNiTi18 9 (Bild 124) zeigt in der Rasteraufnahme Bild 127 eine für SRK-Schäden typische federartige Struktur [19], während die Spaltflächen in der Rasteraufnahme Bild 128 vom Bruch im austenitischen Gußeisen fast einen Korngrenzenbruch vortäuschen könnten. Die bei starker Vergrößerung vom geätzten Schliff angefertigte Aufnahme Bild 126 läßt aber deutlich den transkristallinen Charakter der Risse erkennen.

Spannungsrißkorrosion auslösende innere Zugspannungen können durch Kaltverformen wie Kaltwalzen, Richten, Bördeln, Stanzen, Schneiden und Stempeln erzeugt werden. Auch bei spanabhebender Bearbeitung mit stumpfen oder zu lang eingespannten Werkzeugen und zu hohem Anpreßdruck [46] können sich kritische Eigenspannungen aufbauen. Die bei den sonst spannungsfreien Werkstücken auf die beeinflußte Oberflächenschicht beschränkte SpRK führt hier zum schuppigen Abblättern des Werkstoffes, Bilder 129 und 130. Bei Schweißarbeiten können statische Zugspannungen sowohl direkt durch Schrumpfvorgänge als auch beim nachträglichen Überarbeiten der Schweißnähte oder beim Abschleifen von Schweißzunder [34] entstehen, vor allem, wenn grobe Schleifscheiben benutzt werden. Aus diesem Grunde sollten

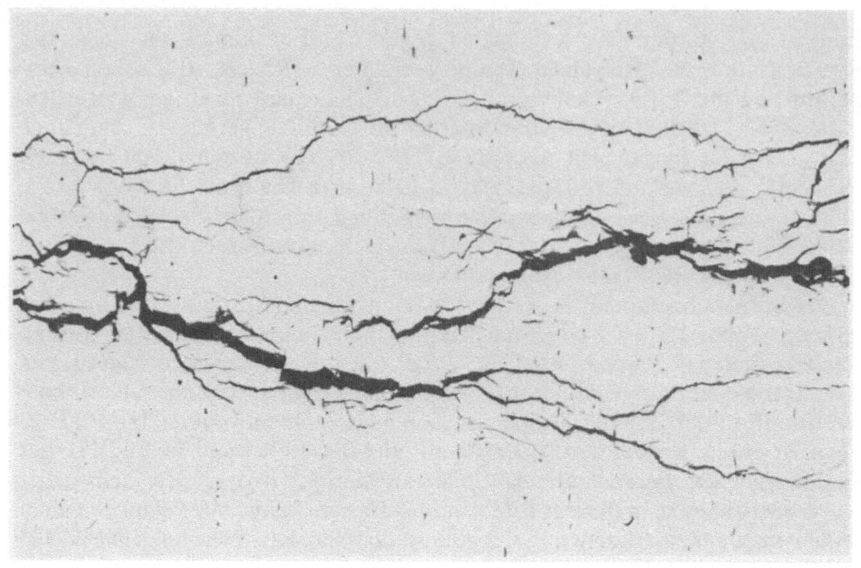

Bild 118   100 : 1

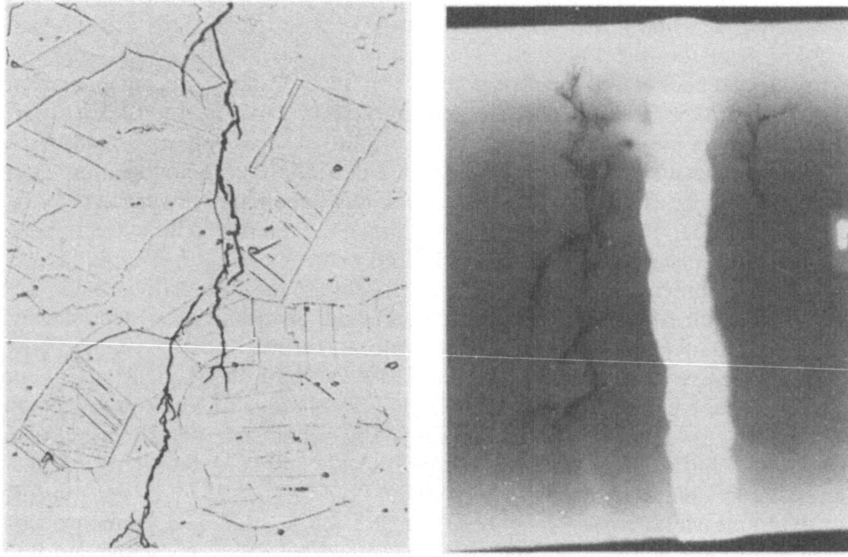

Bild 119   500 : 1   Bild 120   1 : 1

Bild 118. Typische, stark verästelte Spannungskorrosionsrisse in einem austenitischen Chrom-Nickel-Stahl. (Ungeätzter Mikroschliff)

Bild 119. Stärker vergrößerter Ausschnitt mit einem Rißausläufer aus dem Mikroschliff in Bild 118. (Ätzmittel: V2A-Beize)

Bild 120. Röntgenaufnahme mit Spannungskorrosionsrissen im Bereich einer Rundschweißnaht an Rohren aus X10CrNiTi18 9

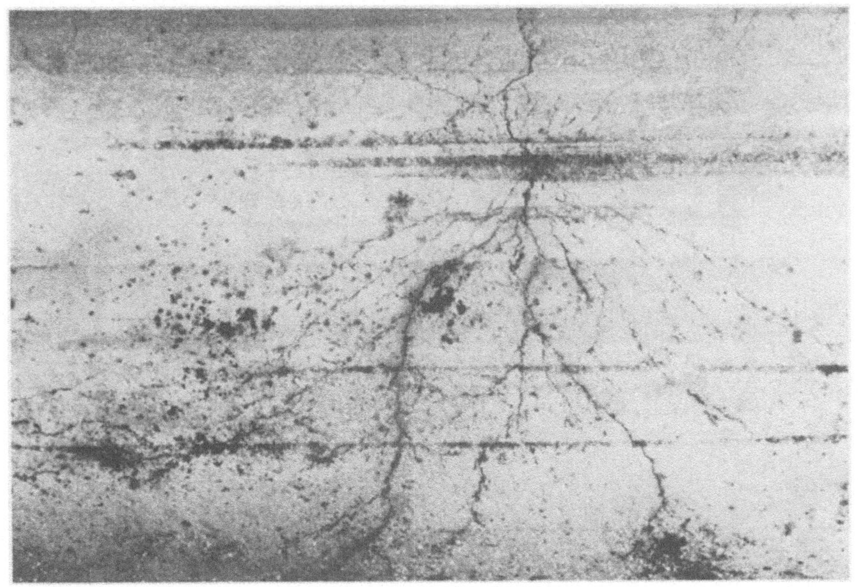

Bild 121   4 : 1

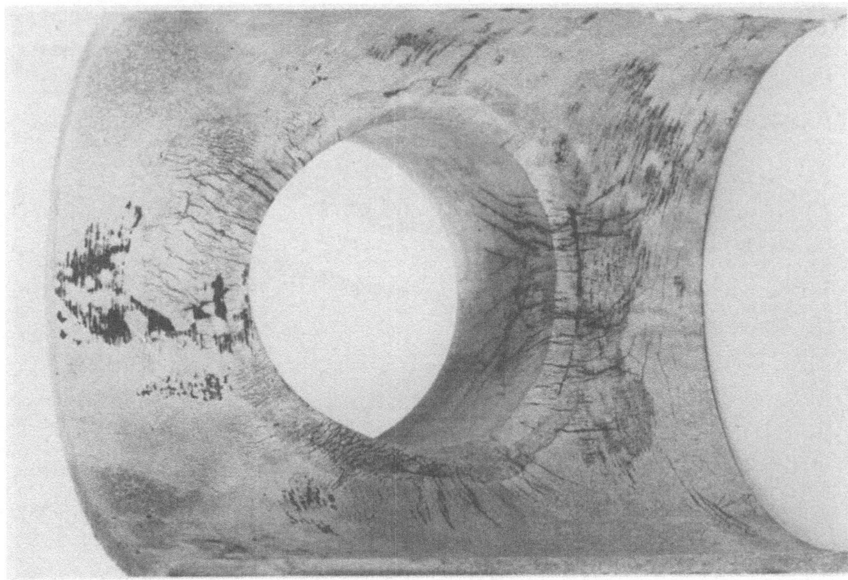

Bild 122   1 : 2

Bild 121. Lochfraßstellen und Spannungskorrosionsrisse an einem Rohr aus X5CrNi18 9

Bild 122. In chloridhaltigem Medium durch Schweißspannungen ausgelöste Spannungsrißkorrosion in einer Stutzeneinschweißung an Rohren aus X5CrNiMo18 10

81

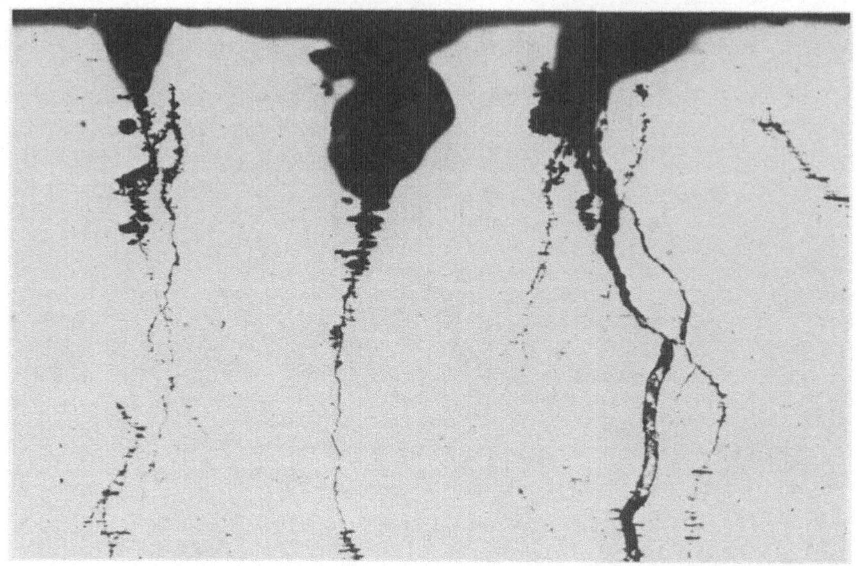

Bild 123   100 : 1

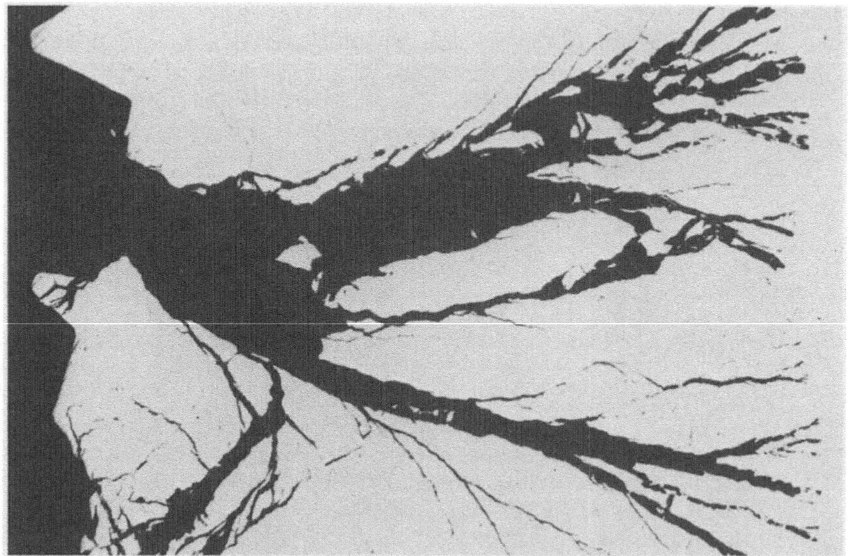

Bild 124   8 : 1

Bild 123. Ungeätzter Mikroschliff durch zwei Lochfraßstellen aus der Rohrwand in Bild 121

Bild 124. Ungeätzter Schliff aus dem durch Spannungsrißkorrosion zerstörten Gewindeteil einer geschmiedeten Schraube aus X10CrNiTi18 9

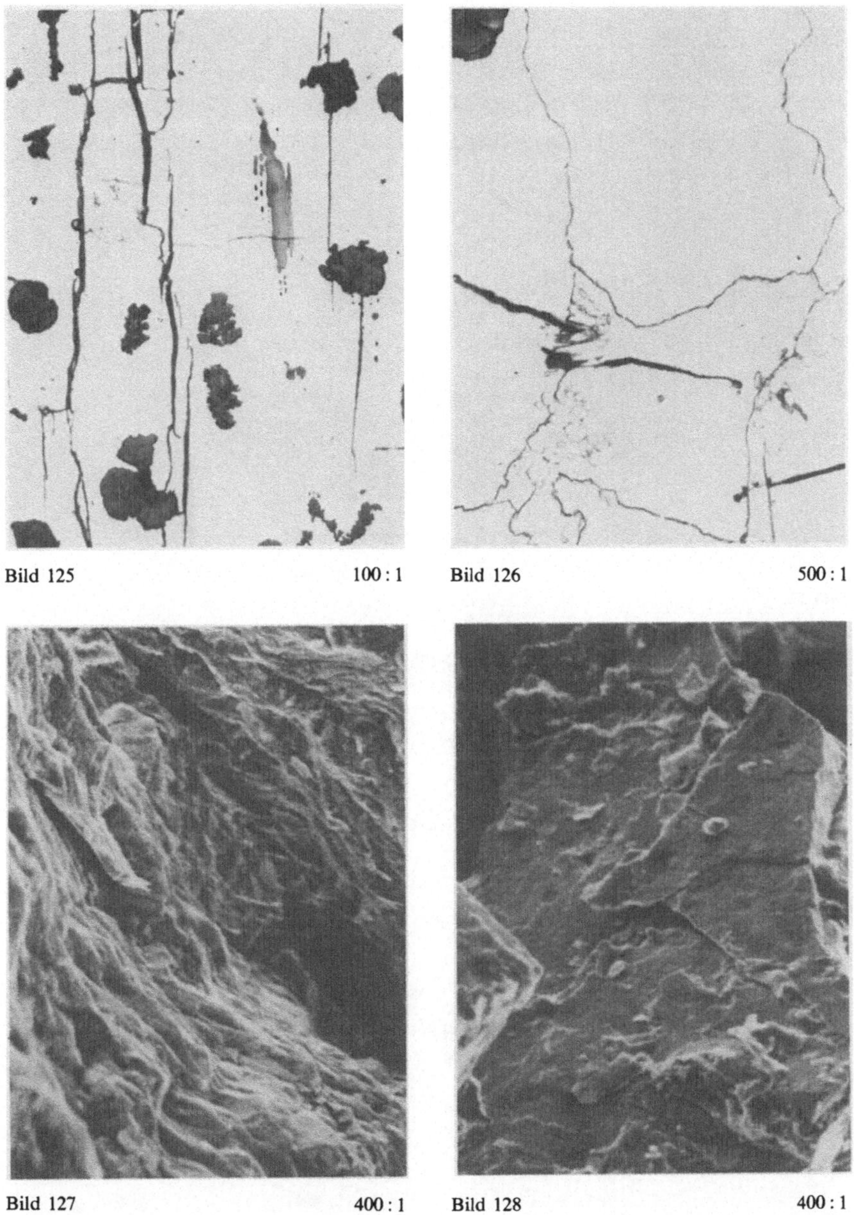

Bild 125   100:1   Bild 126   500:1

Bild 127   400:1   Bild 128   400:1

Bild 125. Ungeätzter Mikroschliff aus einer rissigen Pumpengehäusewand aus austenitischem Gußeisen mit Kugelgraphit
Bild 126. Bei stärkerer Vergrößerung angefertigte Mikroaufnahme vom Schliff aus der Pumpengehäusewand nach dem Ätzen mit V2A-Beize
Bild 127. Rasterelektronenmikroskopische Aufnahme von einer Bruchfläche der Schraube in Bild 124
Bild 128. Rasterelektronenmikroskopische Aufnahme von einer Bruchfläche des rissigen Pumpengehäuses (Bilder 125 und 126)

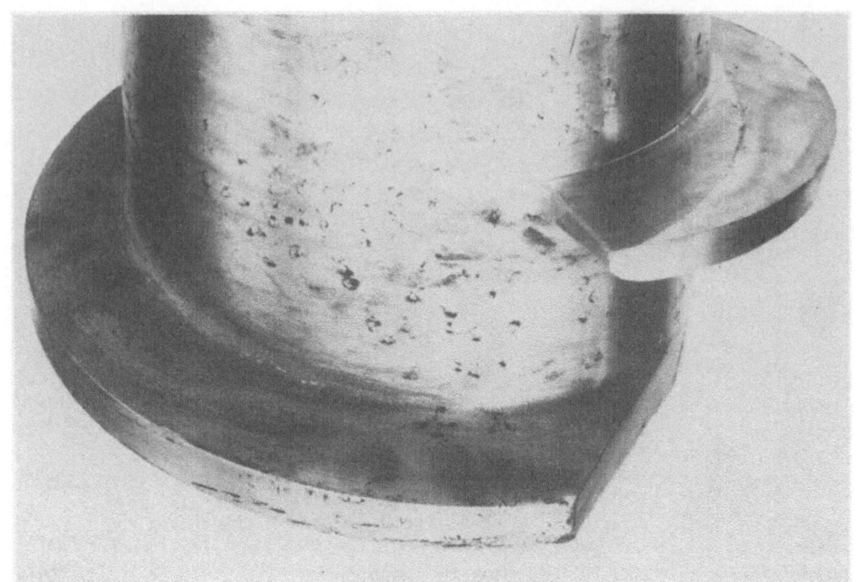

Bild 129   1 : 3

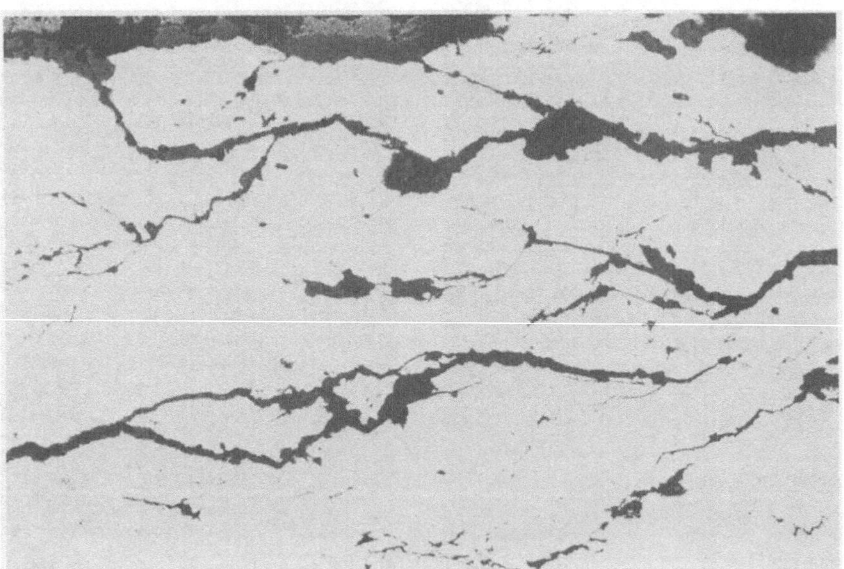

Bild 130   100 : 1

Bild 129. Teil einer Schneckenwelle aus X2CrNiMo18 10 mit schuppenförmigen Abblätterungen an der Oberfläche
Bild 130. Senkrecht zur Oberfläche liegender ungeätzter Mikroschliff aus dem Schneckenrad in Bild 129

84

ohne Schutzgas geschweißte Nähte möglichst durch Beizen entzundert werden [31]. Mit SpRK ist dann nicht zu rechnen, wenn eine der drei Grundvoraussetzungen ausgeschaltet werden kann. Aus dieser Tatsache ergeben sich zwangsläufig die Bekämpfungsmaßnahmen.

Konstruktiv sollten alle Möglichkeiten zur Verminderung von Zugspannungen ausgeschöpft werden, wie z. B. Vermeiden scharfer Übergänge. Außerdem sollte dem Medium möglichst wenig Gelegenheit gegeben werden, sich in Spalten oder an Wärmestaustellen zu konzentrieren. Fertigungsrestspannungen können, wenn Größe und Form des Bauteiles es erlauben, durch Spannungsarmglühen bei Temperaturen um 900 °C abgebaut werden, was allerdings nur bei kornzerfallssicheren, stabilisierten austenitischen Stählen und bei nicht zu langen Glühzeiten bei den ELC-Qualitäten mit Kohlenstoffgehalten bis höchstens 0,03 % möglich ist. Im Zweifelsfalle sollte bei Temperaturen zwischen 1 050 °C homogenisierend geglüht und beschleunigt abgekühlt werden. Das gilt auch für kornzerfallssichere molybdänhaltige Chrom-Nickel-Stähle, um Verspröden durch Ausscheiden der σ-Phase zu vermeiden.

Bei der Glühbehandlung muß wegen des hohen Ausdehnungskoeffizienten der austenitischen Stähle die anschließende Abkühlung sorgfältig kontrolliert werden, um große Temperaturdifferenzen in der Konstruktion und den dadurch bedingten Aufbau neuer Zugspannungen zu vermeiden [24]. Wo Glühen nicht möglich ist, können Zugeigenspannungen in der Oberfläche durch Strahlen in Druckspannungen umgewandelt werden, die oft ausreichen, um den darunter liegenden, noch mit Zugspannungen behafteten Oberflächenbereich gegen Spannungsrißkorrosion abzuschirmen. Deshalb sollte auch, wenn bei der Nachbehandlung verzunderter Schweißnähte Beizen nicht möglich ist, Strahlen vorgezogen werden [31]. Da sich der für die Korrosionsbeständigkeit der austenitischen Chrom-Nickel-Stähle nötige feine Oxidfilm nur auf glatten Oberflächen zusammenhängend ausbilden kann, darf kein scharfes Strahlmittel benutzt werden, das die Oberfläche zu stark aufrauht. Betriebsseitig muß darauf geachtet werden, daß Chloridanteil und Temperatur des Mediums und die mechanische Belastung der Konstruktion nicht höher sind, als für die Produktion unbedingt erforderlich ist.

Werkstoffseitig läßt sich bei den austenitischen Chrom-Nickel-Stählen die Gefahr der Spannungsrißkorrosion durch Einsetzen von Qualitäten mit Nickelgehalten über 20 % vermindern. In schwierigen Fällen können gegen SpRK praktisch unempfindliche [31, 66] ferritische Chromstähle eingesetzt werden, wobei allerdings mit geringerer Lochfraßbeständigkeit gerechnet werden muß als bei den austenitischen Stählen [66]. In besonders schwierigen Fällen müssen deshalb andere Legierungen, z. B. aus der Reihe der Nickelwerkstoffe oder die etwas schwierig zu verwirklichenden Möglichkeiten des kathodischen Schutzes [46] in Erwägung gezogen werden.

Sprödbrüche an Bauteilen aus Manganhartstahl

Manganhartstahl ist ein mit 12 bis 13 % Mangan legierter Stahl. Das Verhältnis Mangan zu Kohlenstoff soll dabei 10 : 1 betragen (X120Mn12). Bei Glühtemperaturen über 1 000 °C ist dieser Stahl austenitisch und kann Kohlenstoff und Mangan vollständig in Lösung halten. Wenn Manganhartstahl aus diesem Temperaturbereich langsam abkühlt, verringert sich das Lösungsvermögen der kälter werdenden Austenitkörner immer mehr, und Kohlenstoff und Mangan werden mit Eisen verbunden als Eisen-Mangan-Mischkarbide ausgeschieden, die zuerst die Austenitkörner umhüllen.

Bei weiter sinkender Temperatur scheiden sich außerdem Karbide in den Austenitkörnern selbst in Form von Platten aus, die im Mikroschliff als Nadeln erscheinen oder perlitähnliche Strukturen bilden (Bild 131). Bei sehr langsamem Abkühlen tritt vereinzelt auch echte Perlitbildung auf [60]. Da die sehr harten Karbide das Gefüge verspröden und dadurch den Stahl bruchanfällig machen, ist Manganhartstahl in diesem Zustand für die Praxis unbrauchbar.

Versprödende Karbidausscheidungen kann man unterdrücken, wenn man bei 1050 °C gut durchgewärmten Manganhartstahl in Wasser abschreckt. Da der Martensitpunkt des Manganhartstahles bei etwa − 180 °C liegt, bildet sich dabei noch kein Härtegefüge. Die Abkühlungsgeschwindigkeit reicht aber aus, um die Ausscheidungsvorgänge zu unterdrücken. Das Gefüge des abgeschreckten Manganhartstahles besteht deshalb nur aus Austenitkörnern, die Kohlenstoff und Mangan in Zwangslösung halten (Bild 132). In diesem Zustand ist Manganhartstahl bei einer Vickershärte von etwa 200 HV sehr zäh und hat die Fähigkeit, sich unter schlagartiger Beanspruchung oberflächlich auf Vickershärten von etwa 500 HV zu verfestigen. Das hohe Kaltverfestigungsvermögen macht den Manganhartstahl besonders geeignet für Bauteile, die verschleißfest gegen schlagende und stoßende Beanspruchung sein sollen, wie Schlagelemente für Hartzerkleinerung, Greiferzähne, Schneiden von Baggereimern, Schienenkreuzungen. Er wird von selbst im Betrieb in dünnen Oberflächenschichten nur dort härter, wo die Härte benötigt wird, bleibt sonst aber zäh und bruchsicher. Gegen rein schmirgelnde Beanspruchung, wie z. B. bei Düsen für Sandstrahlgebläse, ist Manganhartstahl nicht widerstandsfähig, weil er sich bei dieser Beanspruchungsart nicht kaltverfestigen kann.

Die Mikroaufnahme Bild 133 wurde bei der Untersuchung eines spröde gebrochenen Löffelbagger-Einsteckzahnes aus Manganhartstahlguß angefertigt. Es ist zu erkennen, daß der Stahl nicht im homogen austenitischen Zustand vorliegt, der für das einwandfreie Verhalten eines Manganhartstahles bei schlagartiger Beanspruchung nötig ist. In der hellen austenitischen Grund-

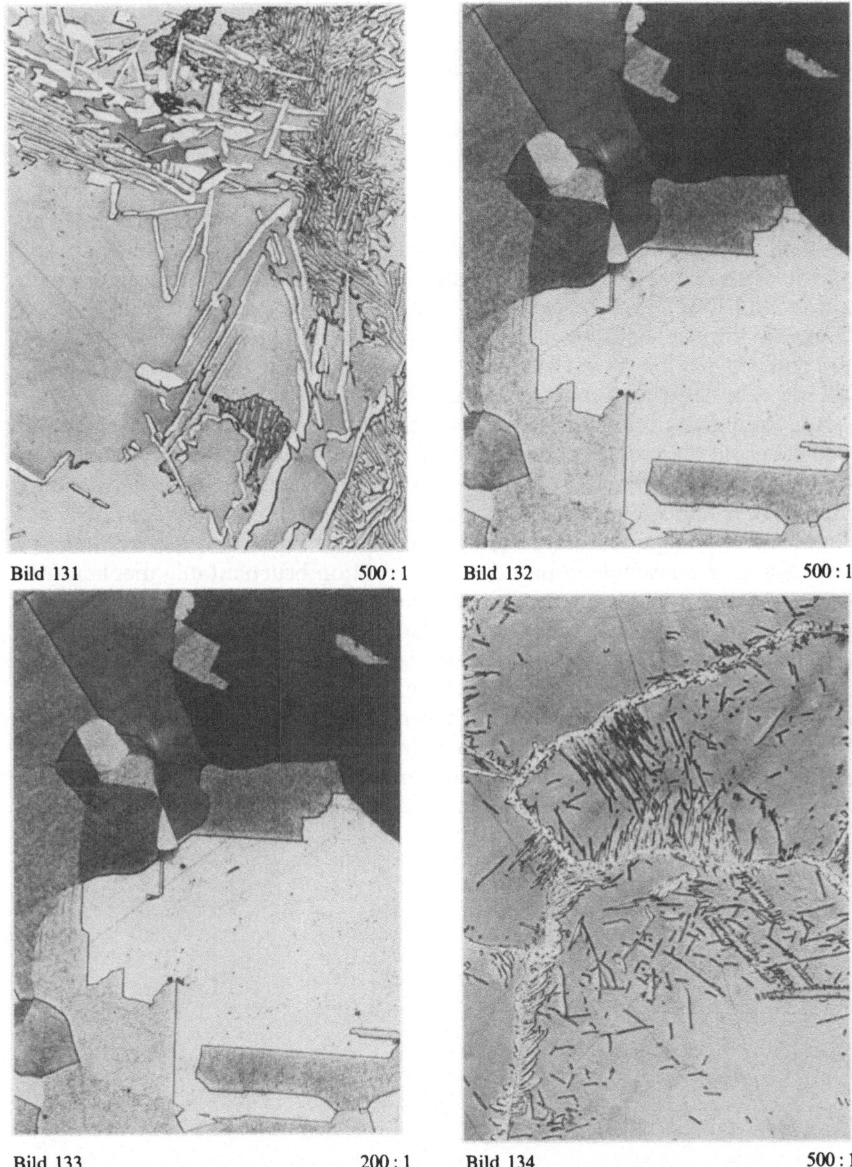

Bild 131   500:1   Bild 132   500:1

Bild 133   200:1   Bild 134   500:1

Bild 131. Manganhartstahl aus 1050°C im Ofen abgekühlt. Eisen-Mangan-Mischkarbide an den Austenitkorngrenzen und in perlitähnlicher Anordnung in den Körnern.

Bild 132. Manganhartstahl aus 1050°C in Wasser abgeschreckt. Rein austenitisches Gefüge.

Bild 133. Spröde gebrochener Löffelbagger-Einsteckzahn aus Manganhartstahl-Guß. Karbidausscheidungen aus den Austenitkorngrenzen, eutektoidisch entstandene streifige Karbidausscheidungen und kleine Flecken feinstreifigen Perlits.

Bild 134. Manganhartstahl aus 1050°C in Wasser abgeschreckt und anschließend auf 800°C erwärmt. Karbide an den Korngrenzen und in nadeliger Form in den Körnern.

(Ätzmittel: 2%ige alkoholische Salpetersäure)

masse sind Karbidausscheidungen zu erkennen, die die Körner vollständig umhüllen, außerdem Inseln mit nicht eutektoidisch entstandenen streifigen Karbidausscheidungen, an die sich kleine Flecken sehr feinstreifigen Perlits anschließen. Dieses Gefüge kann bei sehr langsamer Abkühlung nach dem Gießen entstanden sein. Die harten Karbidausscheidungen trennen die zähen Austenitkörner voneinander und machten dadurch den Einsteckzahn spröde und bruchanfällig.

Ein Zahnbruchstück wurde nach $^1/_2$ h Glühen aus 1050 °C in Wasser abgeschreckt. Bei dieser Wärmebehandlung wurde der größte Teil der Ausscheidungen gelöst und durch das Abschrecken fast reiner Austenit erhalten, wie in Bild 132. Die Tatsache, daß sich das Gefüge des Probestückes durch richtige Wärmebehandlung in den zähen Zustand umwandeln ließ, weist darauf hin, daß der Werkstoff in Ordnung war und das ungünstige Gefüge auf unterlassene Wärmebehandlung zurückzuführen ist.

Aus lösungsgeglühtem und abgeschrecktem Manganhartstahl scheiden sich jedoch erneut Karbide aus, wenn er wieder erwärmt wird. Die Ausscheidungsvorgänge beginnen ab 300 °C und steigern sich mit zunehmender Erwärmung (Bild 134). Hier beginnen die Probleme für den Schweißer. An Stellen, an denen Bauteile aus Manganhartstahl beim Schweißen zu warm werden, können sich harte Karbide ausscheiden und die Konstruktion bruchanfällig machen. Alle Vorschriften für Schweißarbeiten an Manganhartstahl zielen deshalb darauf hin, das Werkstück möglichst kalt zu halten, wie Lichtbogenschweißen mit geringer Stromstärke, kleiner Elektrodendurchmesser, dünne Zugraupen, Pausen zwischen kurzen Zeitabschnitten, Kühlen der Schweißraupen mit Wasser oder auch Schweißen im Wasserbad [27]. Demjenigen, der noch nie Manganhartstahl verarbeitet hat, mögen diese Maßnahmen widersinnig erscheinen, da sie genau das Gegenteil von dem sind, was im allgemeinen bei der Verarbeitung schweißempfindlicher Stähle zu beachten ist, um Risse und Brüche zu vermeiden.

Wasserstoffkrankheit des Kupfers

Flüssiges oder auch hoch erhitztes Kupfer nimmt aus sauerstoffhaltiger Umgebung leicht Sauerstoff auf, mit dem es sich zu dem sehr spröden Cu_2O (Kupfer-I-Oxid) verbindet. Hüttenkupfer, das nicht durch Desoxydation (z. B.. mit Phosphor) sauerstofffrei gemacht wurde, enthält zwischen etwa 0,015 und 0,04 % an Kupfer gebundenen Sauerstoff. In gegossenem, nicht desoxydiertem Kupfer umhüllt ein feinkörniges Gemenge aus Cu_2O-Teilchen und Kupferkörnern (eutektische Umhüllungen) die Kupferkristallite. Beim Herstellen von Schliffen für die mikroskopische Betrachtung wird dieses Schalenwerk zerschnitten. Unter dem Mikroskop sieht man deshalb in sauerstoffhaltigem gegossenem Kupfer ein Netzwerk aus kleinen bläulichen Cu_2O-Teilchen (Bild 135). Bei Betrachtung im Dunkelfeld und in polarisiertem Licht erscheint Kupfer-I-Oxid leuchtend rubinrot (Nachweis). Da die zähen Kupferkristallite durch dieses Schalenwerk aus harten Cu_2O-Teilchen voneinander getrennt werden, kommt die Zähigkeit des Kupfers nicht zur Wirkung, und das Gußstück ist spröde.

Beim Weiterverarbeiten der Gußblöcke zu Halbzeug werden die harten Schalen zertrümmert. Das Kupfer-I-Oxid sitzt dann nicht mehr an den Korngrenzen, sondern ist in Walzrichtung orientiert unregelmäßig im Kupfer verteilt (Bild 136). Aus den stark verformten Körnern des Grundmetalles bilden sich beim Warmwalzen durch Rekristallisation neue Kupferkörner, deren Korngrenzen jetzt frei von spröden Cu_2O-Teilchen sind. Das Kupfer ist nun zäh geworden.

Glüht man Kupfer in wasserstoffhaltiger Atmosphäre, werden bei Temperaturen über 400 °C [39] die Wasserstoffmoleküle an der heißen Metalloberfläche aufgespalten, und Wasserstoff dringt atomar in das Kupfer ein [67]. In nicht desoxydiertem Kupfer treffen die Wasserstoffatome dabei auf Cu_2O-Teilchen, die sie wegen ihrer großen Verbindungsneigung zum Sauerstoff zu metallischem Kupfer reduzieren. Das geschieht nach der Gleichung

$$Cu_2O \quad + \quad 2H \quad \rightarrow \quad 2Cu \quad + \quad H_2O$$
$$\text{Kupfer-I-Oxid} + \text{Wasserstoff} \rightarrow \text{Kupfer} + \text{Wasser(dampf)}$$

Die Moleküle des dabei entstehenden Wasserdampfes diffundieren sehr schwerfällig und vermögen nicht das Kupfer zu verlassen. Der durch die Temperatur unter hohem Druck stehende Wasserdampf setzt sich an den Korngrenzen fest und treibt die Kupferkörner auseinander (Bild 137). Es handelt sich hier um dieselbe Probe wie in Bild 136 nach 1 h Glühen bei 850 °C im Wasserstoffstrom.

Zum metallographischen Nachweis der Wasserstoffkrankheit legt man vorteilhaft den Mikroschliff durch besonders feine Risse, weil nur hier die typischen, durch den hochgespannten Wasserdampf perlschnurartig aufgeblähten Korngrenzentrennungen deutlich zu erkennen sind (Bild 138).

Auch beim Verarbeiten sauerstoffhaltigen Kupfers durch Löten oder Schweißen mit der Sauerstoff-Azetylen-Flamme oder schon beim Anwärmen zum Biegen kann Wasserstoffkrankheit auftreten. Beim Verbrennen des Azetylens mit reinem Sauerstoff im Mischungsverhältnis 1:1 bildet sich in der ersten Verbrennungsstufe der Schweißflamme zwangsläufig Kohlenstoff und Wasserstoff. Bild 139 zeigt einen ungeätzten Schliff aus einem durch Wasserstoffkrankheit brüchigen Kupferrohr, das beim Biegen nach dem Anwärmen mit dem Schweißbrenner mürbe auseinandergebrochen war.

Beim Gasschweißen sauerstoffhaltigen Kupfers bringt der entstehende Wasserdampf das Schmelzbad zum Brodeln, wodurch vor allem im Bereich der Schmelzgrenze Poren entstehen. Ein ungeätzter Schliff aus einer Schweißverbindung an Kupferblechen mit hohem Cu_2O-Gehalt ist in Bild 140 wiedergegeben. Geschweißt wurde mit der Azetylen-Sauerstoff-Flamme und silberhaltigem Kupferzusatzdraht. Das Bild läßt deutlich die zahlreichen Poren an den Schmelzgrenzen der V-Naht erkennen, die durch Bildung von Wasserdampf während des Schweißens entstanden sind. Bild 141 zeigt einen ungeätzten Mikroschliff aus einem der Kupferbleche mit zahlreichen Cu_2O-Teilchen.

In geschweißten Kupferkonstruktionen läßt sich die Wasserstoffkrankheit nur dann mit Sicherheit vermeiden, wenn sauerstofffreies (desoxydiertes) Kupfer verwendet wird. In der Kurzbezeichnung nach DIN 1787 (Kupfer im Halbzeug) werden die sauerstofffreien Kupfersorten durch ein vorgestelltes „S" gekennzeichnet.

Cu_2O-haltiges Kupfer wird nicht wasserstoffkrank, wenn es mit Schutzgasverfahren geschweißt wird. Beim Schweißen bildet sich jedoch in den Aufschmelzzonen wieder der Gußzustand, bei dem die harten Cu_2O-Teilchen die weichen Kupferkörner umhüllen. Es entsteht also unmittelbar neben der Schweiße eine spröde Zone. Aus diesem Grunde wird bei höher beanspruchten Teilen auch beim Schutzgasschweißen sauerstofffreies Kupfer vorgezogen [39].

Um das Kupferhalbzeug bei der Weiterverarbeitung vor Sauerstoffaufnahme zu schützen, wird der Schmelze bei der Desoxydation Phosphor im Überschuß zugesetzt. Die sauerstofffreien Kupfersorten enthalten deshalb noch 0,015 bis 0,05 % Phosphor. Da Phosphor die Eindringgeschwindigkeit des Sauerstoffs durch Abbinden stark verzögert, wirkt dieser Phosphorrestgehalt als Schutz gegen zu starke Sauerstoffaufnahme und die damit verbundene Bildung von Kupfer-I-Oxid beim Schweißen, selbst bei unsachgemäßer Behandlung. Mit Phosphor desoxydierte Kupfersorten sollten deshalb beim Gasschweißen bevorzugt werden [15]. Das gilt jedoch nicht für den Zusatzwerkstoff. Schweißdrähte mit hohem Phosphorgehalt begünstigen die Porenbildung im Schweißgut [3]. Für hochwertige Schweißarbeiten werden deshalb Kupferzusatzdrähte verwendet, die mit Silizium, Mangan, Silber oder Zinn legiert sind [3, 15]. Das Legieren erniedrigt die Schmelztemperatur und bewirkt einen allmählichen Übergang vom festen in den flüssigen Zustand (Schmelzintervall).

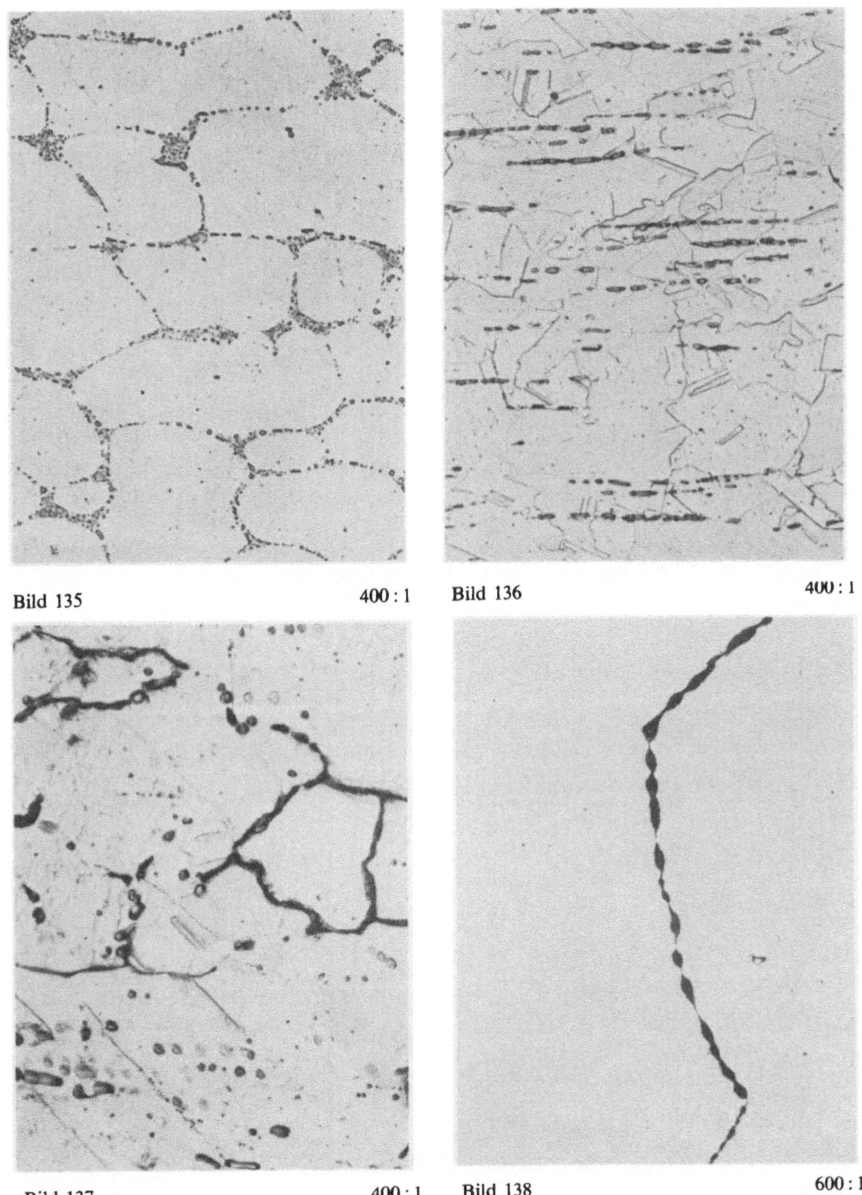

Bild 135   400 : 1   Bild 136   400 : 1

Bild 137   400 : 1   Bild 138   600 : 1

Bild 135. Cu_2O-haltige Umhüllungen im Mikrogefüge eines sauerstoffhaltigen, gegossenen Kupfers. (Ungeätzter Mikroschliff)

Bild 136. Gewalztes und rekristallisiertes sauerstoffhaltiges Kupfer. Cu_2O-Teilchen in Walzrichtung orientiert. (Ätzmittel: Ammoniak und Wasserstoffsuperoxid)

Bild 137. Dieselbe Probe wie in Bild 135, 1 h bei 850 °C im Wasserstoffstrom geglüht. Korngrenzen durch Wasserdampf aufgerissen. (Ätzmittel: Ammoniak und Wasserstoffsuperoxid)

Bild 138. Perlschnurartig aufgebläht Korngrenzen eines wasserstoffkranken Kupfers. (Ungeätzter Mikroschliff)

Bild 139   10 : 1

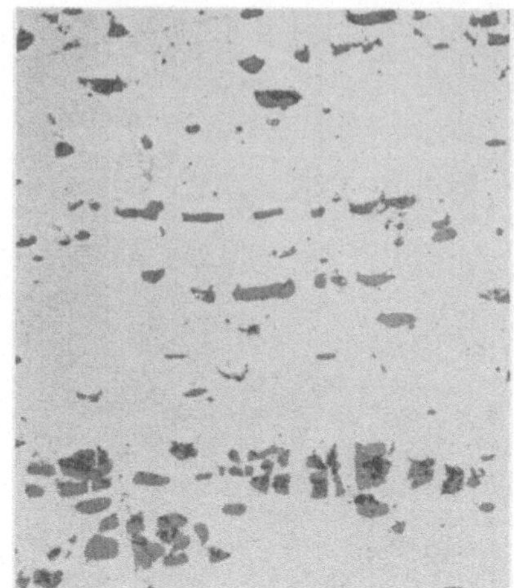

Bild 141   400 : 1

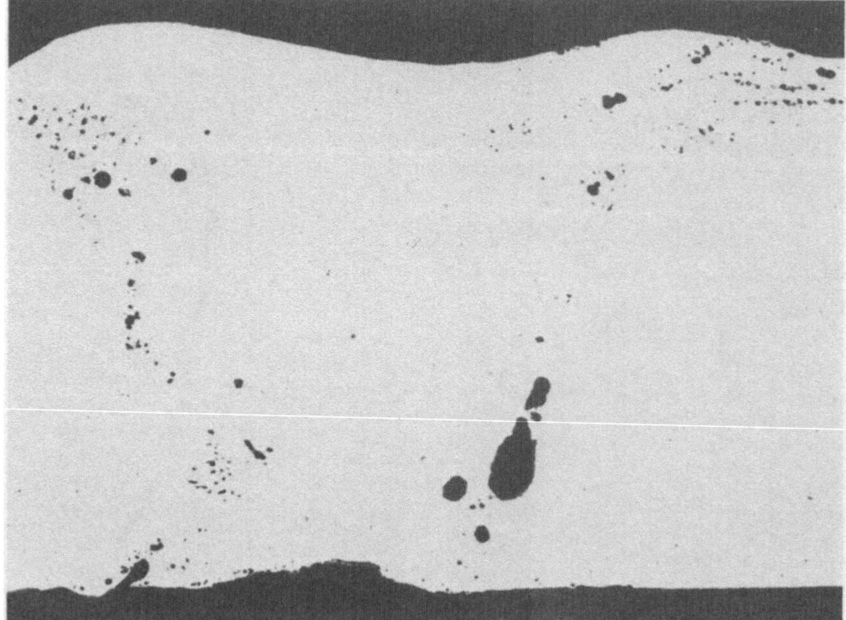

Bild 140   10 : 1

Bild 139. Probe aus einem wasserstoffkranken Kupferrohr, das bei der Verarbeitung mit dem Schweißbrenner erwärmt wurde. (Ungeätzter Schliff)

Bild 140. Ungeätzter Schliff aus einer Gasschweißung an stark Cu_2O-haltigen Kupferblechen mit zahlreichen Poren an den Schmelzgrenzen

Bild 141. Ungeätzter Mikroschliff aus einem der Kupferbleche in Bild 140 mit zahlreichen Cu_2O-Teilchen

Für Zwecke der Elektrotechnik sind die phosphordesoxydierten Kupfersorten nicht geeignet, da der Restgehalt an Phosphor die elektrische Leitfähigkeit stark herabsetzt. Soll aus schweißtechnischen Gründen eine sauerstofffreie Kupfersorte eingesetzt werden, so ist SE-Kupfer zu verwenden. Diese Kupferqualität wird in sauerstofffreier Atmosphäre erschmolzen oder mit Lithium oder Bor desoxydiert. Sie enthält Phosphor nur in Spuren und hat die gleiche Mindestleitfähigkeit wie E-Cu [15]. Mit Rücksicht auf die Leitfähigkeit sollen im Elektromaschinenbau nur silber- oder zinnhaltige Schweißzusatzdrähte verwendet werden [3].

Literaturverzeichnis

1 Baerlecken, E.: Schweißverbindungen zwischen austenitischen und ferritischen Stählen. VGB-Mitt. 1953, S. 529–540

2 Beckert, M.; Klemm, H.: Handbuch der metallographischen Ätzverfahren. Leipzig: VEB Dt. Verl. Grundstoffind. 1966

3 Beckström, H.-J.: Das Gasschmelzschweißen des Kupfers mit stabilisiertem Schweißbrenner. Metall 1965, S. 1 253–1 257

4 Binder, W. O.; Brown, C. M.; Franks, R.: Resistance to Sensitization of Austenitic Chromium-Nickel-Steels of 0,03 % Max. Carbon Content. Trans. Amer. Soc. Metals 1949, S. 1 301

5 Börsig, F.: Das Bild der Erosion und der Erosionskorrosion. Der Maschinenschaden 1968, Nr. 1, S. 3–13 (Allianz Versich. München, Berlin)

6 Bohlen, Ch.: Schweißen von verzinkten Stahlteilen – kritische Betrachtungen und Anregungen. Praktiker/Schweiß. u. Schneid. 1978, S. 156–158

7 Brown, Ch.: Cracking of 19/9 Stainless Tubing during Heat-Treatment. Metal Treatment 1965, Nr. 32, S. 19–20 und 26

8 Coermann, E.: Mögliche Ursachen für eine Fehlbeurteilung bei der magnetischen Rißprüfung von Schweißverbindungen. Schweiß. u. Schneid. 1967, S. 90–92

9 Class, J.: Stand der Kenntnisse über die Eigenschaften druckwasserstoffbeständiger Stähle. Stahl u. Eisen 1960, S. 181–207

10 Class, J.: Stand der Entwicklung nicht lösbarer Verbindungen von ferritischen und austenitischen Stählen. VGB-Mitt. 1959, S. 181–207

11 Deutsches Kupfer-Institut: Kupferrohre im Wasserfach. Berlin 1969

12 Deutsches Kupfer-Institut: Kupfer-Zink-Legierungen (Messinge und Sondermessinge). Berlin 1966

13 Deutsches Kupfer-Institut: Legierungen des Kupfers mit Zinn, Nickel, Blei und anderen Metallen. Berlin 1970

14 Deutsches Kupfer-Institut: Löten von Kupfer und Kupferlegierungen. Berlin 1969

15 Deutsches Kupfer-Institut: Schweißen und Brennschneiden von Kupfer und Kupferlegierungen. Berlin 1963

16 Dies, K.: Kupfer und Kupferlegierungen in der Technik. Berlin, Heidelberg, New York: Springer 1967

17 Ebert, K.-A.; Rubo, E.; Thiessen, W.: Einige Probleme der Herstellung geschweißter Apparate für die chemische und physikalische Technik. Schweiß. u. Schneid. 1969, S. 316–321

18 Eichhorn, K.: Kondensatorrohre aus Kupferwerkstoffen. DKI-Sonderdruck, S. 150. Dt. Kupfer-Inst. Berlin

19 Engel-Klingele: Rasterelektronenmikroskopische Untersuchungen von Metallschäden. Gerling Inst. Schadenforsch. u. Schadenverhüt., Köln 1975

20 Erdmann-Jesnitzer, F.; Beckert, M.; Schmiedel, H.: Gefügebedingte Schäden temperaturbeanspruchter austenitischer Stähle. Schweiß. u. Schneid. 1967, S. 407–414

21 Erdmann-Jesnitzer, F.; Bogener, R.: Lötbruch bei Stahl. Industriebl., S. 133–143

22 Evans, U. E.: Einführung in die Korrosion der Metalle. Weinheim/Bergstraße: Verlag Chemie 1965

23 Glaubitz, F.: Rohrschäden an ölgefeuerten Kesseln. Mitt. VGB 1958, S. 156–160

24 Gooch, T. G.: Welding and the Corrosion Resistance of Austenitic Stainless Steels. In: The Influence of Welding and Welds on the Corrosion Behaviour of Constructions. Publ. Sess. Intern. Inst. Weld. Tel Aviv/Israel 1975

25 Graf, L.: Die Ursachen der Spannungsrißkorrosion und des Lötbruches bei Legierungen auf Kupferbasis. Metall 1965, S. 1 163–1 171 und 1 287–1 294

26 Grundmann, H.: Schweißen von Gußeisenwerkstoffen und Stahlguß. Düsseldorf: Dt. Verl. Schweißtechn. 1971

27 Hänsch, W.: Auftragsschweißen an Brechbacken aus Manganhartstahl. Praktiker/ Schweiß. u. Schneid. 1960, S. 66–77

28 Hashimoto, K.; Ogawa, S.; Shimodaira, S.: Dezincifikation of Alpha Brass. Trans. Japan Inst. Met. 1963, S. 42–45

29 Haufe, W.: Schnellarbeitsstähle. München: Hauser 1972

30 Henry Wiggin & Co.: Incoweld „A", Welding Elektrode and Filler Wire. Birmingham

31 Herbsleb, G.: Korrosionsprobleme an Schweißverbindungen hochlegierter Stähle. Schriftenreihe „Schweißen und Schneiden", 5. Jahrg. (1976), Ber. 3

32 Herbsleb, G.; Schwenk, W.: Untersuchungen zur Lötbrüchigkeit hochlegierter Stähle. Werkstoffe u. Korros. 1977, S. 145–153

33 Hirschfeld, D.: Erfahrungen mit Warmwasserbereitern aus nichtrostendem Stahl. In: Korrosion in Kalt- und Warmwassersystemen der Hausinstallation. Oberursel: Dt. Ges. Metallkde. 1974

34 Hirth, F. W.; Naumann, R.; Speckhardt, H.: Zur Spannungsrißkorrosion austenitischer Chrom-Nickel-Stähle. Werkstoffe u. Korros. 1973, S. 349–355

35 Horn, V.; Bernhard, W.; Buness, K.; Kretzschmar, E.; Stein, H.: Schweißtechnischer Gefügeatlas. Düsseldorf: Dt. Verl. f. Schweißtechn. 1974

36 Houdremont, E.: Handbuch der Sonderstahlkunde. 3. Aufl., Berlin, Göttingen, Heidelberg: Springer 1965

37 Jäckel, U.: Druckwasserstoffbeständige Stähle. In: Werkstoffkunde der gebräuchlichen Stähle, Entwicklung der Stahlsorten ihre Vereinheitlichung und Normung. Düsseldorf: Verl. Stahleisen 1977

38 Kauhausen, E.; Kaesmacher, P.; Sadowski, S.: Probleme der Schweißung von warmfesten Stählen. Werkst. u. Betr. 1960, S. 653–661

39 Köcher, R.: Schweißen von Kupfer und Kupferlegierungen. In: Die Schweißtechnik im Dienste der chemischen Industrie. Fachbuchreihe „Schweißtechnik", Bd. 15, S. 13–19. Düsseldorf: Dt. Verl. f. Schweißtechn. 1958

40 Kopp, H.; Kopp, W.-U.; Weidemann, E.: Gefüge von geschweißtem Gußeisen mit Kugelgraphit. Prakt. Metallogr. 1978, S. 53–65

41 Kostrikin, J. M.; Maukina, N. N.: Kupferhaltige Niederschläge in Dampfkesseln. Arch. Energiewirtsch. 1955, S. 789

42 Krell, A.: Kriterien zur Beurteilung von Hartlotflußmitteln. Schweißtechn. 1970, S. 361–365

43 Lueb, B.: Kleine Werkstoffkunde für das Schweißen von Stahl und Eisen. 5. Aufl., Düsseldorf: Dt. Verl. f. Schweißtechn. 1969

44 Lunn, B.: Entzinkung in Systemen der Hausinstallation. In: Korrosion in Kalt- und Warmwassersystemen der Hausinstallation. Oberursel: Dt. Ges. f. Metallkde. 1974

45 Mahler, W.; Zimmermann, K. F.: Hartlöten von Kupfer und seinen Legierungen. Fachbuchr. „Schweißtechnik", Bd. 49. Düsseldorf: Dt. Verl. f. Schweißtechn. 1966

46 Mannesmann-Röhrenwerke: Lexikon der Korrosion, Bd. 1. Düsseldorf 1970

47 Naumann, F. K.: Das Buch der Schadensfälle. Stuttgart: Riederer 1976

48 Naumann, F. K.; Spies, F.: Der Schadensfall – Entkohlung. Prakt. Metallogr. 1971, S. 375–384

49 Naumann, F. K.; Spies, F.: Durch Korrosion undicht gewordene V2A-Rohre. Prakt. Metallogr. 1976, S. 387—389

50 Petzow, G.: Metallographisches Ätzen. Metallkundliche Technische Reihe, Bd. 1. Berlin, Stuttgart: Bornträger 1976

51 Phillips, A. L.: Welding of Austenitic Chromium-Nickel Stainless Steels. Welding Handbook, 4. Ausg. Kap. 65. Amer. Weld. Soc., New York

52 Pohl, E.; u. Mitarb.: Das Gesicht des Bruches metallischer Werkstoffe, Bd. 3. Allianz Versich. München, Berlin

53 Rädeker, W.: Die Erzeugung von Spannungsrissen im Stahl durch flüssiges Zink. Stahl u. Eisen 1953, S. 654—658

54 Rädeker, W.; Haarmann, R.: Angriffsarten des Zinks auf Stahl bei der Feuerverzinkung. Stahl u. Eisen 1939, S. 1 217—1 227

55 Rapatz, F.: Die Edelstähle. 5. Aufl. Berlin, Göttingen, Heidelberg: Springer 1962

56 Robinson, F. P. A.; Shalit, M.: The Dezincification of Brass. Corros. Technol. 1964, S. 11—14

57 Rose, A.; Hougardy, H. P.: Entartetes Gefüge als gleichgewichtsnahe Umwandlungsform des Austenits. Ber. 1 369 des Werkstoffausschusses des Vereins Deutscher Eisenhüttenleute. Arch. f. Eisenhüttenwes. 1963, S. 259—267.

58 Schatz, J.: Die metallurgischen Vorgänge zwischen Hartlot und Grundwerkstoff und Folgerungen für die lötgerechte Konstruktion. Schweiß. u. Schneid. 1957, S. 522—530

59 Schierhold, P.: Nichtrostende Stähle. Düsseldorf: Verlag Stahleisen 1977

60 Schrader, A.; Rose, A.: De Ferri Metallographia II. Düsseldorf: Verlag Stahleisen 1966

61 Schultz, H.: Verbinden unterschiedlicher Metalle durch Schutzgas- und Elektronenstrahlschweißen. Schweiß. u. Schneid. 1965, S. 288—296

62 Schumann, H.: Metallographie, 8. Auflage. Leipzig: VEB Dt. Verl. f. Grundstoffind. 1974

63 Sefik Gülec, A.: Zur Ermittlung der Eigenschaften von Schmelzschweißverbindungen zwischen nicht artgleichen Stählen. Schweiß. u. Schneid. 1964, S. 11—19

64 Splittgerber, E.; Börsig, F.: Schäden an Kesselrohren als Folge von Kupferabscheidungen aus dem Kesselwasser. Maschinenschaden 1960, Nr. 1/2, S. 21—24

65 Stephan, G.: Empfehlungen zur Verhütung von Stillstandkorrosion an Turbomaschinen. BBC-Nachr. 1965, Nr. 4, S. 199—208

66 Strassburg, F. W.: Schweißen nichtrostender Stähle. Fachbuchreihe „Schweißtechnik", Bd. 67. Düsseldorf: Dt. Verl. f. Schweißtechn. 1976

67 Tödt, F.: Korrosion und Korrosionsschutz. Berlin: de Gruyter 1961

68 Verein Deutscher Eisenhüttenleute: Prüfung und Untersuchung der Korrosionsbeständigkeit von Stählen. Düsseldorf: Verlag Stahleisen 1973

69 Waterfield, H. A.; Culbertson, R. P.: Die Metallurgie des Schweißens einiger austenitischer hitze- und korrosionsbeständiger Legierungen. IIW 1957, S. 1—8

70 Wiester, H. J.; Pusch, R.; Hoffmann, M.: Ursache und Entstehung anormalen Gefüges in Stählen. Ber. 1 251 des Werkstoffausschusses des Vereins Deutscher Eisenhüttenleute. Arch. Eisenhüttenwes. 1960, S. 731—747

71 Zimmermann, K. F.: Flußmittel, Definition, Funktion und Eigenschaften der Flußmittel. Ihr Vorteil: Hartlöten. Degussa-Ber. 12, September 1964